目で見る生命

生き残りをかけた戦い

さ・え・ら書房

LONDON, NEW YORK, MUNICH,
MELBOURNE, and DELHI

A DORLING KINDERSLEY BOOK
http://www.dk.com

Original Title: That's Life
Copyright © Dorling Kindersley Limited,
2012, A Penguin Company

Japanese translation rights arranged with
Dorling Kindersley Limited, London
through Tuttle-Mori Agency. Inc., Tokyo
For sale in Japanese territory only.

Printed and bound in China by Hung Hing

〈装画・装丁〉
田島 董美

目で見る生命 生き残りをかけた戦い

2012年11月 第1刷発行
著者／ロバート・ウィンストン
訳者／大塚 道子
発行者／浦城 寿一
発行所／さ・え・ら書房
東京都新宿区市谷砂土原町31 〒162-0842
Tel.03-3268-4261 Fax.03-3268-4262

©Michiko Otsuka ISBN978-4-378-04133-9 NDC467
http://www.saela.co.jp/
〈翻訳協力〉木谷 志世美・山根 麻子

> わたしたち人間は今、かつてないほど健康で長生きになりました。それは、科学やわたしたちを取り巻く世界についての研究が急速に進歩したからです。地球が誕生してから約46億年たちますが、それに比べて、わたしたち、ヒト（ホモ・サピエンス）という種は、ごく最近誕生したのだということがわかっています。わたしたちは20万年足らずの短い時間に、目ざましい勢いで技術を発展させて、科学上の大問題を追及し、時にはその答えを得てきました。そして今日わたしたちは、生命について研究するだけでなく、小さな原始的な生命体を実験室で作り出せるようにさえなったのです。
>
> おそらく最大の謎は、「生命とは何か？」ということでしょう。これはとても単純な問いのように聞こえますが、まだだれも十分に答えることができません。また、生命がいつ、どこで、どのように始まったかという疑問や、人間やほかの生き物がどのように進化してきたのかという複雑な問題にも、はっきり答えることができません。そしてもちろん、宇宙のほかの場所に生命が存在するかどうかもわかりません。地球外生物は、わたしたちが決して見ることのないどこか遠い星に存在しているのかもしれません。
>
> この本では、こうした大きな謎を探り、人間の生命や地球上にくらすさまざまな生物について紹介します。これはまさに驚きに満ちた物語です。みなさんがこの本を読んで、生命の研究、すなわち生物学と呼ばれる科学に、わたしと同じくらいワクワクし、興味を持ってくださることを願っています。

ロバート・ウィンストン

もくじ

 生命の意味

 生命の多様性

 ともに生きる

 生き残りへの道

 生命の向こう側

生命とは何か？ 8
生命はどのように誕生したか 10
生命を構成する積み木 12
細胞の基本構造 14
細胞の中は小さな工場 16
緑のエネルギー 18
生命に必要なもの 20

６つの界 24
たくさんの種が存在するわけ 26
生命の進化 28
植物の種類 32
夜、姿を現すものたち 34
動物界の大きな仲間と… 36
…小さな仲間 38
極微の世界 40

豊かな世界 44
だれもがシステムの一部 46
生物分布帯 48
ちょっと変わった同盟関係 50
食うものと食われるもの 52
ぼくたち、おそうじ部隊 54
バランスを保つ 56

いとしのわが家 60
自分の領域を守る 62
群れでくらす 64
コロニーの生活 66
子孫を残すために 68
生き残りをかけた「よそおい」 70
生き物たちのひみつ兵器 72
やりたいほうだい 74
長い長い旅路 76
海のなかの世界 78
種子をまき散らす 80

もっとも進化した動物？ 84
きみはひとりじゃない 86
極限で生きる生物 88
ヘンテコだけどすばらしい！ 90
地球外生命体はいるか？ 92

用語解説 94
さくいん 96

科学の進歩により、わたしたちは「生命とは何か？」ということを、ある程度、説明できるようになった。また、この地球に生命がどのようにして誕生したのか、最初に誕生した生命体がどのようなものであったかについても、さまざまな学説が生まれている。しかし、はっきりしたことは、わかっていない。

わたしたちにわかっているのは、46億年前に地球が誕生したことと、原始的な単細胞(たんさいぼう)の生命体が35億年前に誕生したということだ。それは非常に単純な物質だっただろうと想像される。そのとき以来、生命は進化を重ね、はるかに複雑になった。

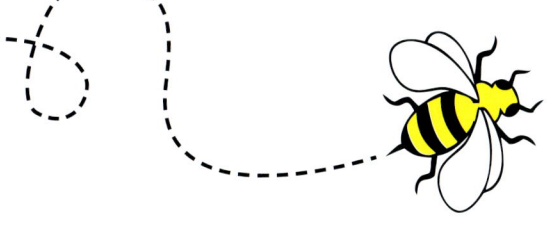

生命の意味

生命とは何か

「生命とは何だろう？」「生きているって、どういうこと？」きみは、そんな疑問を抱いたことはあるだろうか。人間は、はるかむかしから、この質問をくりかえしてきた。

古代ギリシアの哲学者アリストテレス（紀元前384-322）は、この答えを突きとめようとした最初の人間のひとりだ。彼は、哲学のみならず、動物や植物の研究でも成果を上げ、動物学についての著作も残した。また観察にもとづく研究をおこない、生物の分類を試みるなど、現在の生物学の基礎を作ったとして、「生物学の祖（始めた人）」と呼ばれている。アリストテレスは、生命とは、「栄養を摂って、成長し、みずからの体を維持し、生殖して子孫を残すもの」と考えた。確かにこれは、わたしたちがふつう「生きている」と考えるもの、すなわち動物・植物・菌類などに当てはまる。しかし、この定義では、「生きている」とはいえないものも生命にふくまれてしまうかもしれない。たとえば、「火」や「結晶」、また現在では「コンピュータ・ウイルス」などがそうだ。

アリストテレス

きみとぼくのちがいはなに？

ぼくは生きているよ。でも、きみは、生きているみたいなだけ！

真実は
そこにある……

アリストテレスの時代以来、科学技術は格段に進歩した。遺伝情報を担うDNAの研究も進み、その構造や仕組みもわかってきた。顕微鏡などの発達で、細菌のような微生物の生態も明らかになりつつある。一方で、太陽光の届かない深海や地底、氷河の中のような極限状態にくらす生物も見つかっている。それは、過酷な宇宙環境にも生命体が存在する可能性につながると注目されている。生命の「材料」は宇宙でも見つかっているから、そこに何らかの生命が存在する可能性はあるだろう。その姿は、わたしたちの知る生物とは、まったく異なるものかもしれない。このような異なる生命体に出会ったとき、わたしたちは初めて、生命への理解をいっそう深め、「生命とは何か」の核心に近づくことができるのかもしれない。

地球上では、最初に誕生した小さな生命体から、ありとあらゆる生物が生まれ、わたしたち人間のような複雑な生物ができた。それは不思議なことであると同時に、地球には、こうした生命を育む恵まれた環境が奇跡的に備わっていたということを意味する。いまわたしたちにできるのは、この地球の環境をいつくしみ、地球上に存在する生物についての知識を深めることだろう。

生命の特徴

科学者たちは生命の定義について、いくつかの点で合意している。何かが「生きている」というとき、それは、

- 一定の形（たとえば体）を持ち、その内部は一体となって機能する。
- エネルギーを取りこみ、それを消費する。
- 成長・発達し、変化する。
- 生殖をし、生存に有利な特徴を子孫に伝える。
- 光・風・熱・水など、周囲の状況に反応する。
- 何世代もかけて進化し、まわりの環境に適応していく。

生命はどのよう

生命の意味

生命はどこでどのように誕生したか？　その答えはだれにもわからない。科学者たちは多くの学説を考え出したが、地球はあまりにも多くの変化を経てきたため、生命がどのように誕生したかという確かな形跡は残っていない。生物が生きていくのにふさわしい、安定した環境が整うまで、生命は何度か生まれては消えていったのかもしれない。

有毒な惑星

地球は46億年前に誕生した。はじめは、猛毒のガスや有害な放射能に包まれた熱いどろどろした岩のかたまりだった。それが徐々に冷えて、固い表面（地殻）が形成された。地球の中心核にたまったガスが火山から噴き出し、大気を二酸化炭素、窒素、水蒸気で満たした。さらに温度が下がると、水蒸気が水に変わり、雨となって降りそそぎ、海が生まれた。まだ地球の環境は厳しかったが、こうして生命の誕生する条件が整った。

生命のゆりかご

生命はおそらく海から誕生した。いまと比率はちがうが、太古の地球の大気には、生命の材料となるすべての元素（炭素、水素、窒素、酸素、りん、硫黄）が存在していた。これらの元素が、稲妻の電光のエネルギーで化学反応を起こし、単純な化学物質となって海に流れこんだ。それらは、海の中でほかの物質と反応して、より複雑な分子を作った。そのなかに、みずからの複製を作る能力を発達させた分子が現れたのだ。これができるようになると、生命の発達は加速していった。

細胞の誕生

こうした、みずからを複製できる分子はこわれやすく、厳しい環境から守ってくれるものを必要としていた。そこに、「リン脂質」という泡の形になることができる分子が現れ、泡のなかに複製能力を持つ分子を閉じこめた。泡が保護膜の役目を果たしたために、なかの分子は新しい物質を作りやすくなった。こうして、地球上に細胞が誕生した。細胞とは、つまり生命の基本単位である。

初期の細胞

に誕生したか

それは宇宙空間からやって来た？

生命の材料となる化学物質は、銀河の果てからやって来た可能性もある。誕生当時の地球には、たえず彗星や小惑星や流星が衝突していた。科学者たちは、隕石のなかに、糖やアミノ酸を含むものがあることを発見している。これら2つの物質は、より大きな分子構造を持つタンパク質の材料になるもので、そのタンパク質が細胞を作り、維持するのだ。

流星雨

深海の噴出孔

生命は、熱水噴出孔という海底の穴のまわりで誕生したのかもしれない。これらの穴から噴き出す熱水が、化学反応を起こすのに必要なエネルギーを供給した可能性がある。実際に、熱水噴出孔の中でバクテリアが生きているのが発見されている。このバクテリアは光も酸素も必要とせず、穴から噴き出す硫黄化合物を糧として生きている。地球誕生当時の様子は、このような環境に近かったと考えられる。

ストロマトライト

最古の生物の化石

科学者たちは、最初の細胞は38億年前に誕生した可能性があると考えているが、これまでに発見された最古の細胞の物的証拠は、35億年前のストロマトライトと呼ばれる岩石の化石だ。ストロマトライトは、シアノバクテリア（藍色細菌）が砂などと積み重なってできた岩石で、光合成により大気中に大量の酸素を供給するという、生命の進化にとって重要な役割を果たした。大気が酸素で満たされることにより、生命が陸地に上がることが可能になったからだ。ストロマトライトは、今日も西オーストラリアなどに現生している。

生命の意味

生命を構成する

すべての生命の営みは、化学反応にもとづいている。地球上には92の自然元素があり、あらゆる物質は、これらの元素でできているのだ。自然元素のう

スーパー炭素マン

生命に欠かせない炭素

炭素は、地球上の生命にとって、もっとも重要な元素だ。さまざまな元素と結合して多様な形の分子を作る特徴を持っている。その基本となるのが、炭素同士の結合による六角形の環と長い鎖だ。すべての生物の細胞は、このような炭素の化合物（有機化合物ともいう）でできている。なかでも、炭水化物・脂質・タンパク質・核酸の4種類は、あらゆる生物になくてはならない炭素化合物だ。

すべての生き物の体には、ぼくのパワーが必要なんだ！

炭素は、人間の体内で酸素に次いで2番目に豊富な元素だ。

タンパク質は、すべての生物に不可欠な分子だ。生物の体の最小単位である細胞を作るだけでなく、反応の速度を上げたり、ほかの分子を運んだり、非常に多様な働きをしている。タンパク質はたいへん大きな分子で、アミノ酸という小さな分子がたくさん集まってできている。アミノ酸には200種以上あるが、ほとんどの生物のタンパク質は、たった20種類のアミノ酸でできている。

脂質は、水に溶けない、べとべとしたまたはロウのような物質で、脂肪や油などがある。脂質は、炭素・水素・酸素の原子が鎖状につながった形をしている。細胞膜（細胞の外側をおおう膜）を作る材料となり、体内にエネルギーを貯める役割を担っている。人間の体内で生成できる脂質もあるが、足りない分は、動物性脂肪・バター・食用油などの食物からとる必要がある。

炭水化物は、炭素の環に水素と酸素の原子が結合してできている。もっとも単純なタイプは、炭素の環がひとつだけというもので、生き物のエネルギー源となるブドウ糖や果糖などがある。これらは、はちみつやフルーツなど多くの食べ物に含まれる。より複雑な炭水化物は、炭素の環が長い鎖状に1列につながり枝分かれしたもので、植物に含まれるデンプンやセルロースなどがある。

核酸は、タンパク質を作るための設計図を持っている。その設計図には、細胞の働きや複製をコントロールする情報も書きこまれている。核酸には、RNA（リボ核酸）とDNA（デオキシリボ核酸）の2種類があり、DNAには、生物の設計図が書かれている。DNAは、生命の基本となる、体のなかでもっとも重要な分子だ。

積み木

生命を構成する積み木

ち、生命にとって重要な元素は25種類で、そのうち、炭素・水素・酸素・窒素・硫黄・リンの6種類は、すべての生物を形作る積み木のような役割を果たしている。

生命の設計図DNA

DNAはわたしたちの体のすべての細胞にあって、細胞が機能し、自分自身を複製するために必要な情報を持っている。それは暗号で書かれた設計図のようなものだ。DNAは、ヌクレオチドという化合物が多数結合した2本の長い鎖が、ねじれたはしごのような形で組み合わさってできている。これをDNAの二重らせんと呼ぶ。ヌクレオチドに含まれる塩基には、アデニン、シトシン、チミン、グアニンの4種類があり、はしごの踏み段の部分で、対になって結合している。そのとき、アデニンはつねにチミンと結合し、シトシンはグアニンと結合する。この4種の塩基の配列が、DNAの暗号を形成している。

DNAの複製

細胞が自分の複製を作る必要ができると、DNAのはしご段の真ん中がファスナーのように開き、2本の鎖に分かれる。次に、それぞれの鎖が鋳型となり、もう一方の相手の鎖を作る。こうして、元のDNA二重らせんとまったく同じ複製（コピー）ができあがる。

タンパク質の合成

DNAは、細胞が新しいタンパク質を作るときにも活躍する。新しいタンパク質が必要になると、そのタンパク質の暗号を持つ、DNAの特定の部分がファスナーのように開き、メッセンジャーRNAという分子によってコピーされる。メッセンジャーRNAは、コピーした暗号を細胞のほかの場所に運び、タンパク質を合成する。

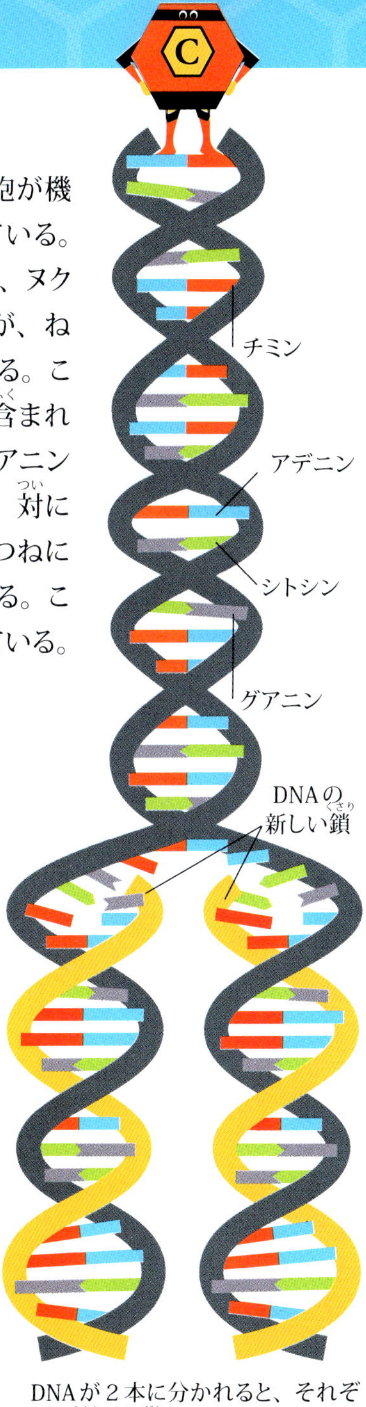

人間の体は、何百種類もの炭素化合物でできている。

チミン
アデニン
シトシン
グアニン
DNAの新しい鎖

DNAが2本に分かれると、それぞれの鎖が鋳型のような働きをして、らせんのもう一方を作る。ヌクレオチドのなかの塩基は、つねに決まった相手とペアを組むからだ。

生命の意味

生命のもっとも基本となる単位、それが「細胞」だ。地球上の生物はすべて、細胞でできている。一番単純な生物は、ただ1個の細胞からなる単細胞生物だが、人間はおよそ100,000,000,000,000（100兆）個の細胞でできている。

細胞の基本構造

細胞には何百万もの種類がある。どの細胞もエネルギー源として栄養素をとりこみ、それぞれ特定の働きをし、そして自分自身を複製（コピー）して新しい細胞を作り出す。

細胞の構造
細胞には、単純な原核細胞と複雑な真核細胞の2種類がある。

真核細胞
真核細胞は、植物・動物・菌類などに見られる複雑な作りの細胞だ。単細胞の原核細胞と比べて約10倍の大きさがあり、そのなかには、細胞小器官と呼ばれる小さな部屋がいくつもある。細胞小器官は人体でいうと内臓にあたり、細胞の機能を担う。このうちもっとも重要なのは核で、なかにはDNAが入っている。

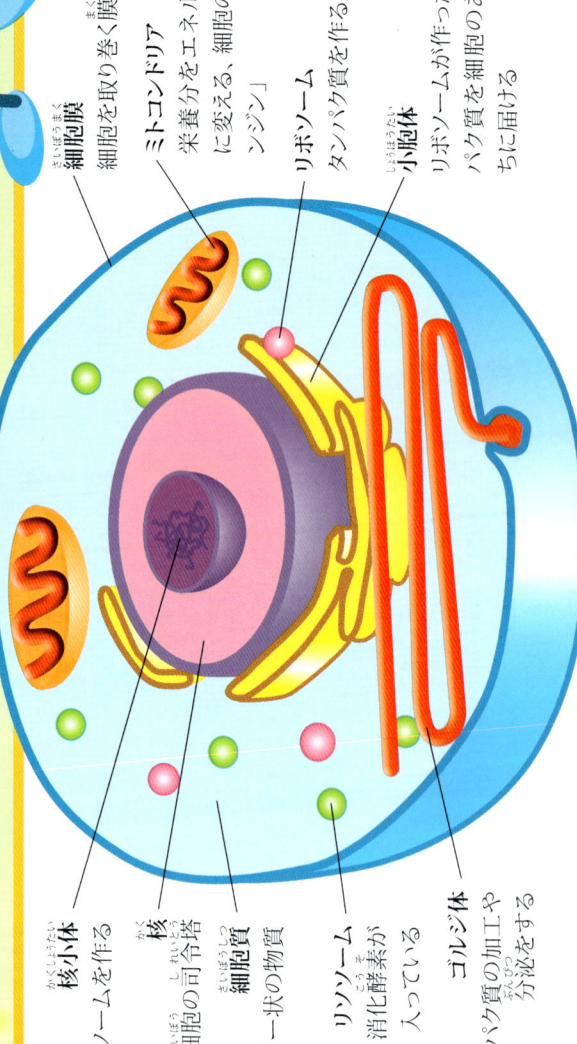

細胞膜 — 細胞を取り巻く膜
ミトコンドリア — 栄養分をエネルギーに変える、細胞の「エンジン」
リボソーム — タンパク質を作る
小胞体 — リボソームが作ったタンパク質を細胞のあちらに届ける
核小体 — リボソームを作る
核 — 細胞の司令塔
細胞質 — ゼリー状の物質
リソソーム — 消化酵素が入っている
ゴルジ体 — タンパク質の加工や分泌をする

細胞の基本構造

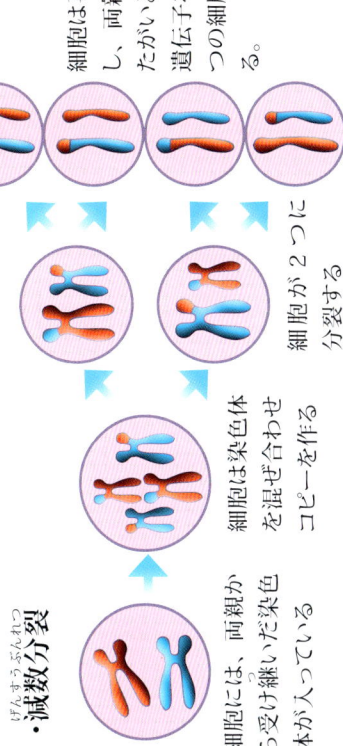

植物の細胞のなかで養分を作る　葉緑体

水、栄養素、老廃物を貯める　液胞

細胞を支える役目を果たす　細胞壁

タンパク質を作る　リボソーム

小胞体

核小体

核

ミトコンドリア

植物の細胞

これらは真核細胞だが、動物の細胞とちがって、セルロースでできた固い細胞壁がある。また葉緑体という緑色の細胞小器官と、液胞という大きな袋をもつ。液胞は細胞を支える役目を果たし水を貯めておくこともできる。もし植物が水分を失いすぎると、細胞がつぶれ、植物はしおれてしまう。

原核細胞

細菌（バクテリア）のような原核生物は、地球上でもっとも古いタイプの生物で、かんたんな構造の原核細胞ただひとつでできている。このような細胞には核がなく、DNAは細胞内にただよっている。べん毛というむちに似た尾を持つものもあり、それを使って動き回る。

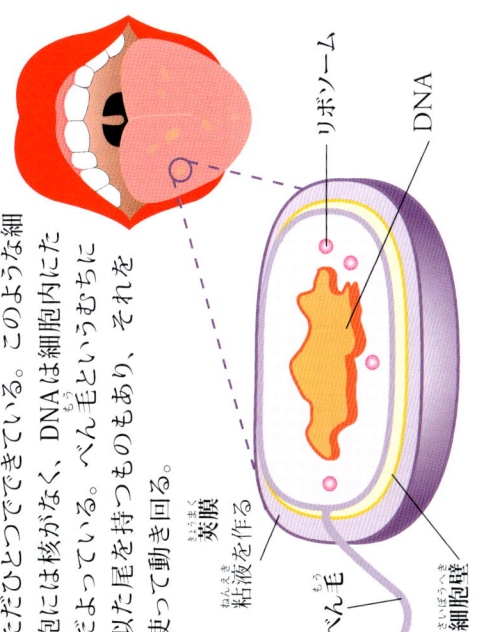

粘液を作る　莢膜

べん毛

細胞壁

リボソーム

DNA

細胞の増え方

生物の特徴のひとつは、自分の複製（コピー）を作って、増やしていけることだ。その増え方にはふたとおりある。

・有糸分裂

単細胞の原核生物と、真核生物は、有糸分裂という方法で細胞を増やす。まず、細胞の染色体は、自分の複製（コピー）を作り、細胞の中央に並ぶ。その後、染色体が、両極に分かれていく。分裂が終わったときには、新しい2つの細胞にそれぞれ、染色体のコピーを持ち、また細胞が機能していくのに必要な細胞小器官も備えているが、まったく同じ遺伝子を持つ2つの細胞が生まれる。

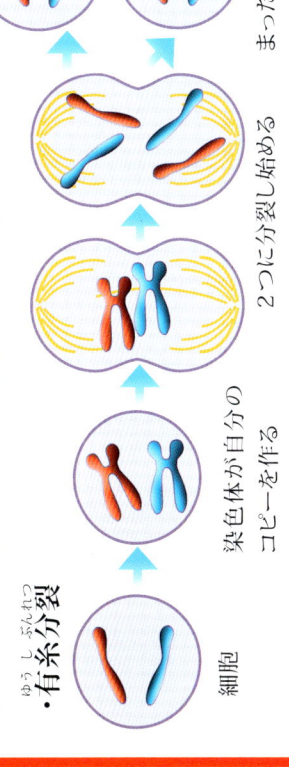

細胞

染色体が自分のコピーを作る

2つに分裂し始める

まったく同じ細胞

・減数分裂

より高等な真核細胞は、卵と精子の細胞を作るために、減数分裂をおこなう。細胞は、分裂する直前に両親由来の染色体を混ぜ合わせて、新しい染色体を作る。次に、細胞が2つに分裂したのち、それぞれ染色体数が半分の4つの細胞に分かれる。ここでできた配偶子（卵や精子など）の細胞は、次の有性生殖の過程で、別の配偶子と合体して初めて、一組の完全な染色体を持つことができる。この結果生まれた細胞は、有糸分裂によって自分のコピーを作り、細胞を増やしつつ成長する。

細胞には、両親から受け継いだ染色体が入っている

細胞は染色体を混ぜ合わせコピーを作る

細胞が2つに分裂する

細胞は再び分裂し、両親とも、たがいにも異なる遺伝子を持つ、4つの細胞が生まれる。

生命の意味

細胞の中は小さな工場

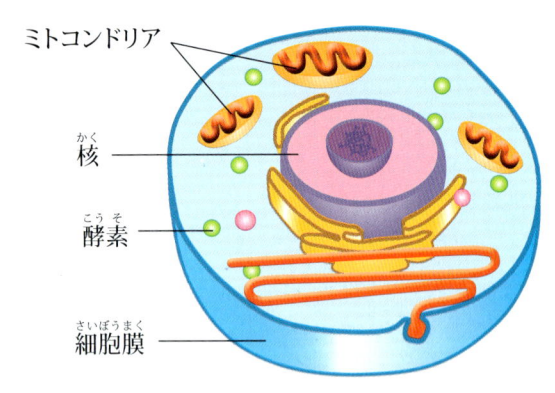

きみの体のひとつひとつの細胞は、小さな工場のようにいそがしく活動している。毎秒、何千という化学反応が起きて、きみにエネルギーを与え、体を作っている。それによってきみは、息をしたり、動いたり、考えたりすることができるのだ。

食物加工部門

酵素は頼もしい働き手だ。小さな細菌の体のなかにさえ、1,000種類もの酵素があって、忙しく化学反応を起こし、分子の分解や結合をおこなっている。酵素はタンパク質の一種で、それぞれ独特の形をしている。その形のおかげで、ある特定の反応をすばやく効率的におこなえるのだ。酵素の名前は、分解する化学物質にちなんでついている。ここでは麦芽糖（マルトース）を分解する麦芽糖分解酵素（マルターゼ）の例を紹介しよう。

1個の麦芽糖分解酵素は、毎秒1,000個の麦芽糖分子を分解することができる。

エネルギー部門

酵素が担うもっとも大切な仕事のひとつは、細胞のためにエネルギーを生み出すことだ。酵素のチームは、「解糖」（つまりブドウ糖を新しい分子に作りかえる）という工程を実行する。その結果生まれる生成物には、2分子のピルビン酸塩という物質と、2分子のアデノシン三リン酸（ATP）というエネルギー豊富な化合物がある。ATPの一部は貯蔵され、残りはピルビン酸塩とともに、ミトコンドリアに運ばれる。

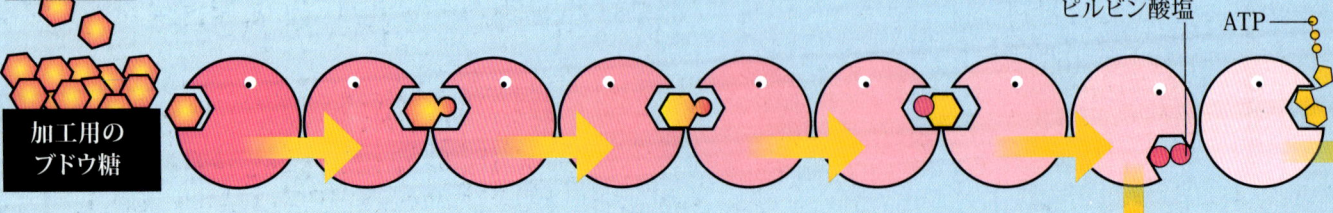

解糖とは、「糖を分解する」という意味だ。

人間の体は、1時間あたり10億個の

細胞の中は小さな工場

司令塔

核は、真核細胞だけが持っている。核は司令塔として働き、ほかの細胞と情報をやりとりし、細胞がどのように仕事をするのかを決める。また細胞の成長や複製（コピー）を管理する。細胞の設計図であるDNAは、この核のなかにある。DNAは、コイル状に巻かれて、染色体と呼ばれる糸の形になっている。染色体のなかで、特定のタンパク質を作る方法を細胞に指令する部分を、遺伝子と呼ぶ。人間の細胞は、46本の染色体のなかに、およそ3万の遺伝子を持っている。細胞が新しいタンパク質を作るとき、DNAのなかの、タンパク質の暗号を持つ部分がファスナーのように開き、そのタンパク質の正しい遺伝子の配列を持つメッセンジャーRNAを作る。

特殊な細胞

人間の体には、およそ200種類の細胞がある。そのいくつかが集まって、脳、心臓、皮ふ、肺などの臓器を作る組織を形成する。臓器の組織のなかには、高度に専門化し、特定の仕事をする細胞がある。たとえば、血球、聴覚細胞、脂肪細胞、骨細胞、色素細胞、目の細胞などだ。目の細胞は、きみが色彩や白や黒を見分けるのを助けてくれる。

血液細胞である血球は、体じゅうに酸素を運び、二酸化炭素を集める働きをする。血球は120日ごとに入れ替わる。

神経細胞（ニューロン）は、体のすべての部分からの信号を感知し、また体じゅうに信号を伝える。なかには長さが数十センチメートルのものもある。

骨細胞は、骨格を形作っている大きな骨の髄のなかで作られる。骨細胞が発達・成長して骨を作り替えることで、骨が固くなり強度が増す。

脂肪細胞は、エネルギーを蓄え、体を保温するために使われる。おもに皮下や主要な内臓のまわりに見られる。

ATP分子の貯蔵庫

細胞のほかの場所への出口 ▶

ATPは、細胞の働きにとってきわめて重要だ。ATPは、エネルギーを供給して、細胞膜を通した物質の出入りを助け、化学反応をコントロールするスイッチの役目をする。そのエネルギーは、ATPが持つリン酸基を1〜2個切り離すときに解き放たれる。それぞれの細胞には、およそ10億個のATP分子があり、たえずエネルギー源として利用され、再び合成されて再利用されている。

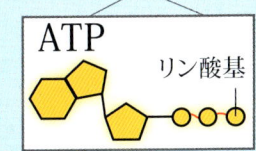

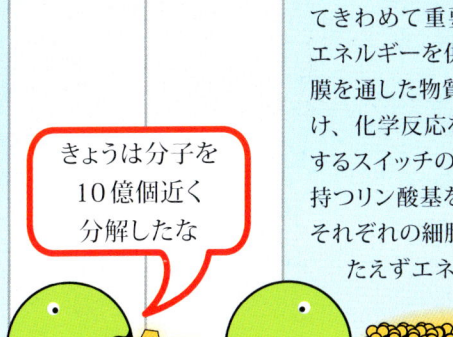

きょうは分子を10億個近く分解したな

リン酸基

ATP貯蔵庫行きエレベーター

ミトコンドリアへ

ミトコンドリアの中で、クエン酸回路という第2の反応が起こる。これにより、ピルビン酸塩の分子は、二酸化炭素と水に変わり、さらにATP分子がもっと作られる。

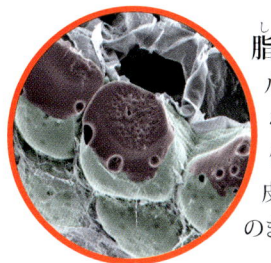

貯蔵用ATP

加工用ピルビン酸塩

ATP

細胞膜

細胞を入れ替えている。

緑のエネルギー

植物も動物と同じように、成長し、生き延びるために、栄養分を必要とする。でも動物とちがい、移動して食べ物を探すことができないので、かわりに自分自身で栄養分を作っている。植物はこれを、光合成という方法でおこなう。光合成に必要なのは、二酸化炭素と水、そして太陽の光だ。

太陽の光を取りこむ

太陽は、すべての生物が生きていくために必要なエネルギー源だ。それは太陽光という形で地球に届くが、植物が吸収するのはそのほんの一部だ。植物は、光のエネルギーを使って、葉のなかで化学反応を起こし、炭水化物（糖類）という栄養分のある化合物を作って、それを蓄えておくことができる。炭水化物は、細胞のなかで分解するときに、エネルギーを放出するので、細胞はそのエネルギーで、生命の維持に必要な機能をおこなえる。緑藻や細菌の一部も光合成をおこなう。

葉緑体

光を栄養分に変える反応は、植物の葉のなかで起きる。葉の細胞には、葉緑体という楕円形の小さな粒がつまっているが、光合成反応はこの葉緑体でおこなわれる。葉緑体には、葉緑素という緑色の色素がたくさんある。このために植物は緑色をしているのだ。

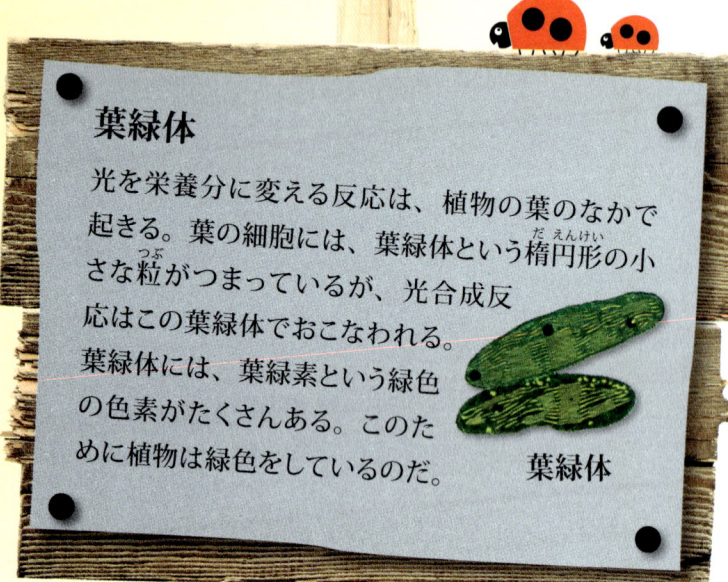

葉緑体

空気と水

空気は、葉の裏側にある気孔という小さな穴から葉のなかに取りこまれる。空気に含まれる二酸化炭素はわずかに0.04％だが、それでも植物が養分を作るには十分な量だ。光合成をおこなうのに必要な水は、植物の根から吸い上げられ、茎を通って葉の細胞に運ばれる。

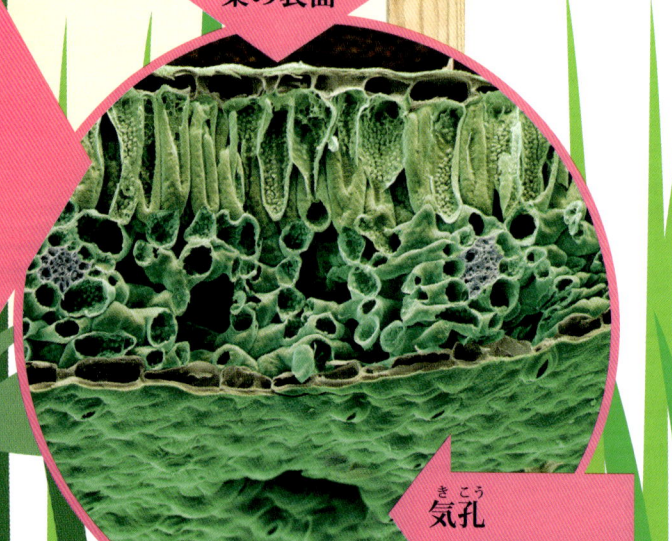

葉の表面

気孔

葉っぱ１平方ミリメートル当たりに含まれる

緑のエネルギー

葉緑素

葉緑素は、葉緑体のなかにある緑色の色素で、太陽光を受け取るという重要な役目を担う。植物には、ほかの色の色素もあるが、一番多いのは葉緑素だ。ほかの色素は、葉緑素とは異なる色の光を吸収するが、光合成に使われることもある。

紅葉

秋になると日が短くなり、光合成に使える光も少なくなる。多くの木々は、葉を落とすことでこれに備える。水や養分が来なくなり、葉緑素がこわれ始めると、葉のなかに元からあった黄色やオレンジの色素が現れる。葉のなかに残っていたデンプンは、赤、紫（むらさき）、深紅の色素を作るのに使われ、このために紅葉するのだ。

秋になると、葉が色づく。

植物がエネルギーを生み出す式は：

二酸化炭素 ＋ 水 ＋ 光 ＝ 炭水化物 ＋ 酸素

この過程を**光合成**という。

メルビン・カルビン

アメリカの化学者メルビン・カルビンは、光合成でおきる暗反応（あんはんのう）（カルビン回路）の働きを発見し、1961年にノーベル化学賞を受賞した。

光と・・・

光合成はおもに、明反応と暗反応という2段階でおこなわれる。明反応では、葉緑素が日光を受け取り、そのエネルギーは、ATP（アデノシン三リン酸）を合成するために使われる。ATPは、細胞のあちこちにエネルギーを運ぶ分子である（P16-17を参照のこと）。この段階で、水の分子が分解されて酸素が発生し、酸素は、葉の裏側の気孔（きこう）を通って、大気中に出ていく。

・・・闇（やみ）

光合成の過程のうち、太陽光がなくても起きる反応を暗反応（カルビン回路ともいう）と呼ぶ。暗反応では、ATPのエネルギーを使って、二酸化炭素をブドウ糖に変える。ブドウ糖の一部は、植物細胞が日常の機能をおこなうのに使われ、残りからは、もっと複雑な糖類であるデンプンが合成され蓄（たくわ）えられる。デンプンは、必要なときに再びブドウ糖に分解される。

葉緑体の数は、80万個にもおよぶ。

生命に必要なもの

生命に必要なものは、いたってシンプルだ。どの生物も、エネルギー、水、すみか、そして成長していくための空間を必要としている。また大部分の生物にとって、酸素、栄養素、そして快適な範囲（はんい）の気温も必要だ。

エネルギー

エネルギーがなければ、生物は成長することも、日常の働きをすることもできない。地球上の主要なエネルギー源は太陽光だ。動物はそれを直接取りこむことはできないが、植物とそのほかの少数の生物（緑藻（りょくそう）など）は、太陽光を受け取り、それを使って養分を作ることができる。植物は動物に食べられ、その動物は、肉食動物（肉だけを食べる動物）や雑食動物（植物と肉の両方を食べる動物）に食べられる。こうしてすべての生物が、太陽のエネルギーを受け取っているのだ。

水

すべての生物には、水が必要だ。水は細胞の主成分であり、細胞から必要な物質を出し入れするときに重要な役割を担う。ある種の生物は、ほんのわずかな水で生きていける。サボテンやラクダのような砂漠（さばく）に生育する動植物は、乾燥（かんそう）に耐（た）えるためのすぐれた仕組みを持ち、水が得られるときにできるだけ取りこみ、蓄（たくわ）えられるようにできている。それとは対照的に、魚やそれ以外の水生動物は、一生を水のなかで過ごす。

すみか

ほとんどの動物は、ある時期が来ると、すみかを探し求める。それは、彼（かれ）らをねらう天敵や悪天候を避（さ）けたり、眠（ねむ）ったり、安全な場所で子どもを産んだりするためだ。すみかがなければ、悪天候にさらされて死んだり、ほかの動物のエサになったりすることもあるだろう。一方、植物は動物ほど幸運ではない。なぜなら植物は移動することができないので、悪天候に耐（た）え、自分たちをエサとする動物に食べられないように、別の方法を見つけなければならないからだ。

いとしのわが家

20

生命に必要なもの

行動圏
動物が成長し、日常的に動きまわる範囲は行動圏と呼ばれる。どんな生き物にも行動圏があり、その広さは種によって大きく異なる。たとえば、細菌は目に見えないほど小さな空間でも成長するが、シベリアトラは、自由に歩きまわれる約300km²の縄張り（テリトリー）を必要とする。十分な空間がない場合は、個体数が過密になり、食物・水・配偶者をめぐる競争が起き、種のあいだでまたたく間に病気が広まるだろう。

「ここはおれさまの縄張りだ」

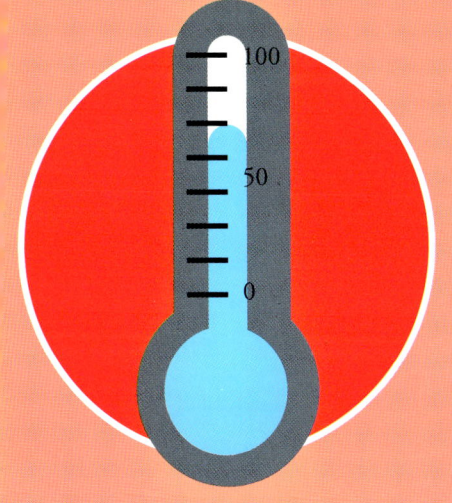
気温
地球上には、赤道付近の酷暑から、北極・南極の極寒まで、さまざまな気候が存在する。でも、このように極端な気候の土地であっても、生物はなんとか生きている。たとえば、南極大陸の気温は、マイナス60℃にまで下がる（きみの家の冷凍庫よりもずっと寒い！）。それにもかかわらず、コウテイペンギンたちはそこで何か月も卵を抱いて過ごすし、南極大陸の氷床の下にあるボストーク湖という地下湖でも、生物が発見されている。一方、西アフリカの砂漠では、気温が60℃にまで上昇するが、そこにも動植物は生息している。

栄養素
わたしたちはみな、栄養となる大切な有機化合物を取りこむことによって、体の組織を作ったり、修復したり、生命の維持に必要な機能をおこなったり、エネルギーを生み出したりしている。動物は食物を食べて栄養を得る。植物は土壌と大気から、根や葉を通して養分を取りこむ。細菌は、細胞膜を通して、直接、養分を吸収する。栄養素が不足すると、正常な生活ができなくなる。たとえば、ビタミンCが不足すると、人間は壊血病になる。だから、きみたちもくだものをいっぱい食べよう！

酸素
すべての動物は、酸素を必要としている。唯一の例外は、酸素のない環境（たとえば牛の腸のなか）でも生きていける一部の細菌だ。大気中の酸素のほとんどは、植物が光合成というプロセスで作り出したものだ。植物は二酸化炭素を取りこんで、養分を作り、大気中に酸素を放出する。だからきみの窓辺のプランターの花は、きれいなだけでなく、きみが呼吸するのを助けてくれてもいるのだ。

生命の多様性

最初に誕生した生命は、ただの単細胞生物にすぎなかった。では、いま地球上でわたしたちとともにくらす870万種の動物や植物は、いったいどこから来たのだろう？ そしてなぜ、こんなにも異なる種類があるのか？

その答えは、進化というプロセスにある。つまり生命は、何世代もかけて、生き残るのに役立つ新しい特徴を伸ばしながら、まわりの環境に適応してきたのだ。

 生命の多様性

6つの界

真正細菌界（しんせいさいきんかい）	古細菌界（こさいきんかい）	原生生物界（げんせいせいぶつかい）
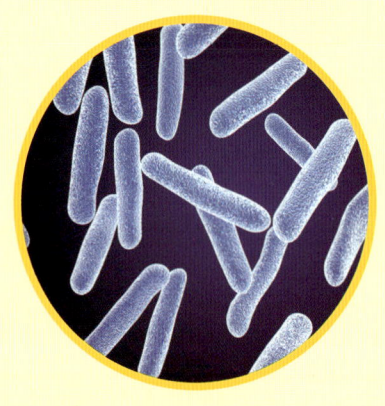	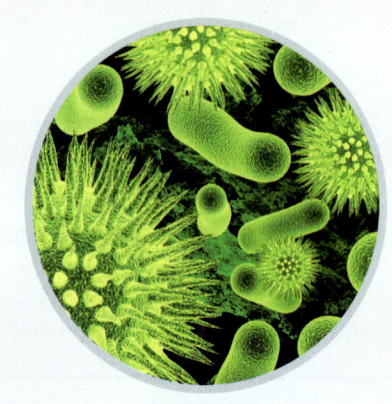	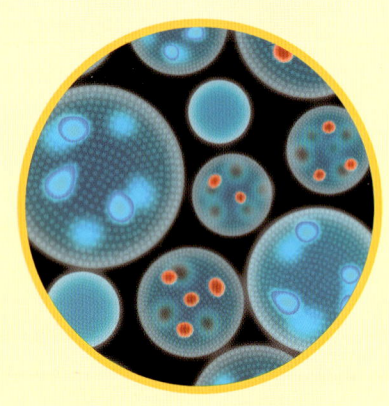
種類：単純な単細胞の細菌 分布：世界各地	種類：単純な単細胞の細菌 分布：過酷（かこく）な環境（かんきょう）	種類：粘菌類（ねんきんるい）、藻類（そうるい）、原生動物 分布：おもに海または淡水（たんすい）、陸地にも
細菌（バクテリア）は、あらゆる環境（かんきょう）や条件のもとで生きている。大むかし、地球の大気中に最初に酸素を供給したシアノバクテリア（藍色細菌（らんしょくさいきん））や、腸チフスやコレラのような病気を引き起こす細菌など、さまざまな種類がある。人間の役に立つ細菌もあり、牛乳をヨーグルトに変えたり、汚水（おすい）を浄化（じょうか）したりできる。	古細菌は、おそらく地球上でもっとも古いタイプの生命体のひとつである。地球誕生当時の状況（じょうきょう）に近い、とてつもなく過酷な環境（熱水、放射性廃棄物（はいきぶつ）、酸性やアルカリ性の池など）のなかでも生き延びることができる。	原生生物界に属する生物は、それぞれがとても個性的だ。顕微鏡（けんびきょう）でしか見えないような、小さな生物が多いが、細菌・植物・菌類（きんるい）・動物のいずれでもない。また単細胞であるにもかかわらず、核（かく）を持っている。自分で養分を作ったり、ほかの生物を栄養源にしたりする。

「種」の分類

「界」は、大まかなグループ分けだ。そこで科学者たちは、これをさらに段階的に小さなグループに分けていき、最終的に1種類の生物に行きつくまで分類した。この分類の基本単位を「種」という。各グループの分類は、生物の共通点と相違点（そういてん）をもとに、おこなわれる。たとえば、ライオンの分類は、下のようになる。

界 → 門 → 綱（こう） → 目（もく） → 科 → 属 → 種

動物界 → 脊索動物門（せきさくどうぶつもん） → 哺乳綱（ほにゅうこう） → 食肉目 → ネコ科 → ヒョウ属 → ライオン

6つの界

地球上の生物が、おたがいにどんな類縁関係にあるのか、わかりやすくするために、科学者たちは、生物を「界」という6つの大きなグループに分類している。かつては、「動物」と「植物」の2つの界だけに分けていたが、その後、生物の研究が進み、目に見えない微生物が発見されて、さらに細かく分類された。

菌界

種類：キノコ、カビ、酵母菌
分布：世界各地

菌類は、以前は「植物」に分類されていたが、自分で養分を作れないことが発見されてからは、独立したグループに分けられている。菌類は、枯れた植物や死んだ動物を分解してエネルギーを得ている。複雑な単細胞生物と多細胞生物のものがあり、化学的にも遺伝学的にも、植物より動物に近い。

植物界

種類：藻類、コケ類、針葉樹、被子植物
分布：世界各地、ただし極地では少ない

植物は、多細胞の複雑な生物で、自分で養分を作ることができる。小さなコケから巨大な樹木まで種類もさまざまで、世界のほとんどの地域（海も含む）に生息地を広げることができた。植物は、大気に酸素を供給するという、すべての生命にとって重要な役目を果たしている。

動物界

種類：昆虫、魚類、哺乳類、甲殻類、ハ虫類、両生類
分布：世界各地

動物には多くの種類がある。海綿のように、脳も神経系も脊髄もない、きわめて単純な生き物から、わたしたちのように、高度に複雑な哺乳類までさまざまだ。動物は、自分で栄養分を作ることができないので、ほかの「界」の生き物を食べて、栄養をとらなければならない。

ライオンには、ネコ科の王と女王の座が与えられているのです

25

生命の多様性

たくさんの種が存在するわけ

進化と多様性

なぜ、こんなにたくさんの種が存在するかといえば、生物が進化するためである。進化とは、何百万年もかけて徐々に起きる、生物の変化の過程のことだ。ある生物の外見やふるまいが、ほんの少し変わることにより、生き残る能力が高まり、同じ種の仲間たちよりも有利になる場合がある。そうした新しい特徴に種が適応し、その特徴が次世代へと受け継がれ、ついには子孫の外見やふるまいが、祖先とは異なるものに変化したとき、それは新しい種として分類されるのだ。

いつかゾウになるぞう！

メリテリウム

ゴンフォテリウム

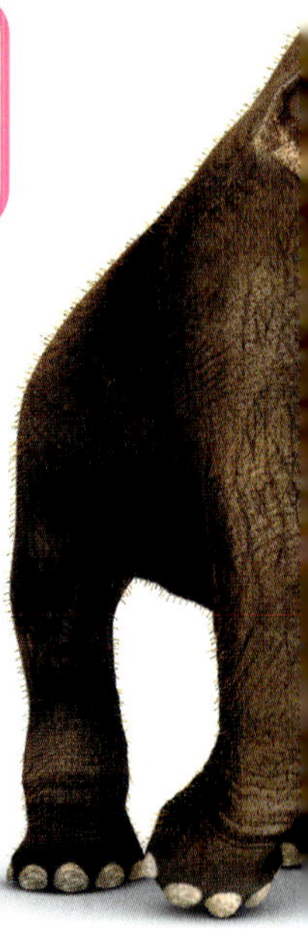

自然選択

生物は、環境に適応することによって、自分のいる生態系に特有な資源を活用することができる。そうすれば、似通った種同士が同じ資源を奪い合うことなく、ともに生きることができるのだ。もし2種類の近縁の鳥の片方が、昆虫を食べるのに適した短いくちばしを持ち、もう片方がくだものを食べるのに適した、とがったくちばしを持っていたら、彼らは同じ生息地を共有できるだろう。だが、もし両方とも昆虫を食べるのであれば、いずれは昆虫を捕るのがうまい種が、もう一方を追い出してしまうだろう。このように、うまく適応したものが生き残るプロセスを「自然選択」という。

先のとがったくちばし
くだものを食べる

短いくちばし
昆虫を食べる

ズグロミツドリ

アカフウキンチョウ

ぼくは2008年に初めて発見されたんだ。名前はまだないの。

正確な分類が決まるまで、この長い鼻のカエルは、「ピノッキオ」というあだ名で呼ばれる。

未知の生物

人間はこれまでに陸地のほとんどの部分を訪れたが、まだ本格的に調査されてない場所もたくさんある。海については、さらにわかっていないことが多い。深海を調査するのが難しいからだ。科学者たちは、海には100万種近くの生物が生息しており、これまでに発見されたのは、そのうち20％にすぎないと考えている。

たくさんの種が存在するわけ

地球上には、非常に多くの種が生存している。実のところ、あまりにも多すぎて、まだ全体数をつかむところまでいっていない。科学者たちの推定では、200万から1億種のあいだだとされているが、現在もっとも正確な推定値は870万種だという。このうち、名前をつけられ、種として記載されているのは、180万種しかない。

ゾウの長い鼻は、実は、鼻と上くちびるが合わさったものだ。何百万年もかけて、門歯が大きくなり、牙に変化するにつれて、鼻も長くなった。牙が大きくなると、食べ物にとどきやすい長い鼻が必要になったからだ。ゾウのなかでも、鼻の一番長い個体が、もっともうまく生き延びることができた。

マンモス

ゾウ

種の数は？

名前のついた種のなかでは、動物界に属するものがもっとも多い。続いて、植物・菌類・原生生物の順である。細菌の種の数については、推測することしかできないが、たぶん何百万種もあるだろう。

 動物　　1,367,555

 植物　　321,212

 菌類と原生動物　51,563

種の終わり

ひとつの種の最後の生き残りが死ぬと、その種は「絶滅した」といわれる。絶滅は自然のなりゆきで、これまでに地球上に存在した種の、実に約99%が絶滅した。ほとんどの絶滅は見過ごされてしまうが、地球の歴史上、多くの種が同時に絶滅した時期が5回あった。その原因は、地球に小惑星が衝突したこと、火山の大噴火、気候変動などの自然現象だった。科学者たちによれば、生息場所の破壊や、環境汚染、乱獲などにより、いま、わたしたちは多くの種を急速に失いつつあり、新たな大量絶滅に直面しているのだという。今回の絶滅の原因は、自然災害や宇宙からの脅威などではなく、人間の活動にある。

新しい種

その一方で、新種は、毎年発見されている。2006年だけでも、毎日およそ50の新種が報告されている。その大部分は小さな無脊椎動物だが、哺乳類・両生類・ハ虫類も驚くほどたくさん見つかっている。さらに、すでにわたしたちが知っている多くの種のなかにも、まだ正しく分類され、命名されていないものがある。見つかったものが本当に新種なのか、それともすでに存在する種の変種なのか、それを見きわめるのは、たいへん時間のかかる仕事だ。

このニューギニアオニネズミの一種は、2009年にパプア・ニューギニア遠征で発見された。

生命の多様性

生命の進化

46億年にわたる進化の歴史を1日に置きかえてみると……

生命が地球上に誕生したのは、およそ35億年前だ。それから長い年月、単細胞の生命体だけが、地球の厳しい環境のもとで生き延びてきた。だが、徐々に進化の時計が進み始め、やがて動物や植物が海から出て、陸地に上がった。生命の誕生から、今日わたしたちが目にする動物や植物にたどりつくまでに、どれだけの時間がかかったのか、想像するだけで気が遠くなりそうだ。たとえば、地球の歴史を「1日」に置きかえてみよう。すると人間がようやく登場するのは、真夜中近くになってからだ。

00:00　01:00　02:00　03:00　04:00　05:00　06:00　07:00　08:00　09:00　10:00

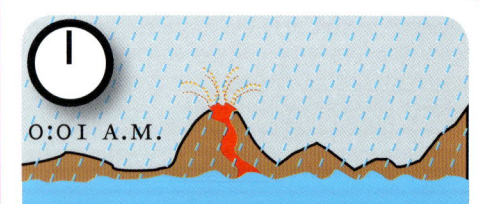

地球の始まり
地球が誕生した。生まれたばかりの地球は、有毒なガスに包まれた熱くて巨大な岩のかたまりにすぎない。地球が冷えていくと、どろどろした表面が固まって地殻ができる。やがて、水蒸気が冷えて雨が降りはじめ、海ができる。

46億年前

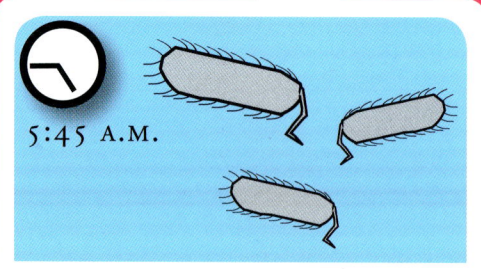

生命の誕生
地球の環境はまだ厳しいが、海のなかでは、原始的で単純な原核生物が現れはじめる。そのなかのシアノバクテリア（藍色細菌）が酸素を生み出し、水中や大気中の酸素はしだいに増えていく。

35億年前

最初の30億年は、大きな変化は起きなかった。

28

生命の進化

この時間のものさしでは、1分が320万年に相当する。

15億年前

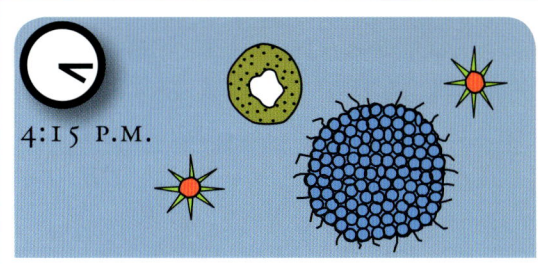

4:15 P.M.

だんだん高等に…
多くの細胞が集まってできている多細胞生物が現れる。そのなかのいくつかは、すべての植物・菌類・動物の祖先となるだろう。陸地がまだ少ないので、生命は海のなかにとどまっている。しかし大気中の酸素は、かなり増えてきた。

7億年前

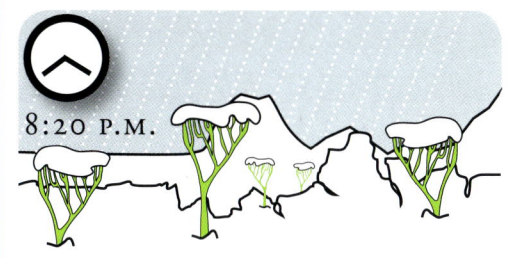

8:20 P.M.

氷河期
地衣類と単純な植物が、陸地で生長しはじめる。あいにく、気候はものすごく寒くなり、地球全体が凍りついて、まるで氷のかたまりのようになる。寒さに強い種だけが、わずかに陸地と深海で生き延びる。

11:00 12:00 13:00 14:00 15:00 16:00 17:00 18:00 19:00 20:00 21:00

2:25 P.M.

複合的な細胞
複合的な細胞を持つ真核生物が初めて現れる。まだ、生命が海の外で生き延びるのは難しい。太陽から有害な紫外線が放射されているからだ。だが、紫外線を吸収するオゾンが、上空に蓄積しはじめる。

18億5千万年前

5:40 P.M.

いよいよ陸地へ
生物は、少し大胆になりはじめる。菌類と多細胞の緑藻植物が、思い切って浅瀬から出て、陸地のへりにやって来る。ビーチは最高だねえ！

12億年前

8:35 P.M.

柔らかい生き物
再び気候が暖かくなると、新たに、体の柔らかい動物たちが、どっと進化してくる。以前のものより大きく、種類もさまざまだ。原始的な海綿動物やクラゲもいる。

6億3千万年前

29

生命の多様性

生命の進化はつづく…

5億4千万年前

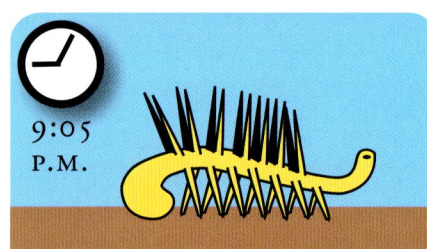

9:05 P.M.

武器をもて！
突然、何千種もの新しい無脊椎動物が登場する。彼らは、固い殻、歯、目、トゲ、消化器官、足などを発達させて、サバイバルを競うようになる。食うか食われるかという、進化の世界の軍拡競争が繰り広げられる。

3億8千万年前

9:58 P.M.

つぎつぎ上陸
魚がヒレを使って四足で立ち上がり、空気を吸いこむ。そして「歩く」いう新しい技を身につけた。そのなかの何種かは、最初の両生類になり、陸地にすみはじめる。羽のない昆虫も陸地に上がる。

3億年前

10:20 P.M.

じょうぶな殻の卵
両生類のなかに、乾いたウロコ状の皮ふと、革のような手ざわりの卵の殻を持つものが現れる。彼らは、陸上で卵を産めるようになり、やがてハ虫類となった。

21:00　　　　　　　　　　　22:00

9:12 P.M.

骨のある動物
地球で最初の脊椎動物は、あごのない魚の姿をしていた。骨格はまだ単純だが、筋肉質の体を支えることができたため、これまでの生物より動きが速く、体も大きい。

5億3千万年前

9:37 P.M.

陸地へGO！
単純な陸上植物が根をおろしはじめる。勇敢なカニやサソリが何匹か、乾いた環境を求めて海から出はじめる。魚が、するどい歯を支える両あごを持つようになったので、これは、かしこい決断だといえる。

4億5千万年前

10:12 P.M.

大木のこずえで
植物が大きくなりはじめ、海岸近くの湿地に原始的な大木の森が生まれる。種子をつける木も現れ、それが遠くへ運ばれることにより、さらに内陸に広がっていく。昆虫に羽が生え、空を飛べるようになる。

3億5千万年前

30

生命の進化

午後9時を過ぎると、進化のスピードが速まった！

1億5500万年前

11:06 P.M.

大空へ飛び立つ
羽毛におおわれた恐竜の一部が飛ぶことを覚え、鳥へと進化する。サメ、ハ虫類、両生類は、現在の姿に近づいてくる。昆虫が、被子植物の授粉を始める。

25万年前

11:59 P.M.

ついに人類が！
ホモ・サピエンス（現生人類）が登場する。彼らは、立ち上がり、2足歩行することを覚えた初期の人類から進化した。ホモ・サピエンスは、別の種であるネアンデルタール人と共存するが、ネアンデルタール人は、どういうわけか2万5千年前に絶滅する。

23:00　　　　　　　　　　　　　　24:00

10:42 P.M.

巨大なハ虫類
地球はハ虫類でいっぱいになり、彼らは空を飛び、海を泳ぎ、大地をゆさぶった。恐竜の時代である。なかには、巨大な図体を持つものもいる。被子植物、針葉樹、ソテツ、シダ類などが生いしげり、恐竜が隠れるのにちょうどいい巨大なやぶを作った。

2億4千万年前

10:43 P.M.

哺乳類の台頭
地球に小惑星が衝突したのと、火山活動が重なり、粉じんが地球をおおって、気候が激変。これにより恐竜は絶滅し、小さな哺乳類が栄えるチャンスがおとずれる。人類の最初の祖先が、類人猿から分かれる。

6500万年前

31

生命の多様性

植物の種類

維管束植物

植物の大部分は維管束植物で、シダ、針葉樹、被子植物などがある。ほとんどが、花や果物や球果のなかにできる種子を使って、子孫を増やす（80-81ページ参照）。維管束植物の仲間には、丈の高いものもある。それは細胞壁のなかに、リグニンという、物質を固くする性質を持つ化合物が含まれるからだ。

地球上には、およそ35万種類の植物がある。植物がなければ、大気や海のなかに、動物の命をささえるだけの十分な酸素は存在しなかっただろう。植物は、氷におおわれた極地や、乾ききった砂漠、深海を除けば、どこにでも栄えている。

被子植物

もっとも多様性に富む被子植物（花を咲かせる植物）の仲間は、285,000種にも上る。そのうち、キク科・ラン科・マメ科の3科だけで、全体の約4分の1を占めている。

針葉樹

針葉樹は森林に育つ植物で、細長い葉、またはウロコ状の葉を持つ。針葉樹の種は、（松かさのような）球果のなかで育ち、やがて地面に落ちる。針葉樹には、マツ、スギ、モミ、セコイアなどの種類がある。

シダ

シダは、葉の多い植物で、茎と葉と根からなる。花はなく、胞子を使って生殖する。シダには、トクサ、シダ、マツバランなど、およそ12,000種がある。

花びら

つぼみ

うーん、この砂糖を作る葉っぱ、甘いなあ！

茎

葉

この写真のハイビスカスのように、被子植物の各部分は、植物の生長を助けるための特別な役割を担っている。葉は栄養分を作り、根は水を吸い上げ、花は子孫を残すための種子を作る。

根

植物の種類

非維管束植物

非維管束植物には、蘚類、苔類のほか、緑藻植物門という、おもに淡水に生息する緑藻植物が含まれる。これらの植物は、花をつけず、胞子を使って生殖する。維管束植物のような特別の組織を持たないため、ふつう丈は高くならない。

植物は、水の吸収のしかたと、生殖のしかたにもとづいて、2つのグループに分類されている。そのうち、土壌から根を通して水を取りこむ植物を、維管束植物という。維管束植物には、茎を下から上までつらぬく特別の組織（維管束）があり、ここを通して、水や栄養分が植物の上部まで運ばれる。

蘚類
蘚類は、背が低く、葉の小さい植物である。地面にしっかり固定する根がほとんどないので、水分は葉から吸収しなければならない。胞子は、葉の上部にのびた蒴柄の先端の蒴のなかに入っている。

これに対し、非維管束植物は、ちゃんとした根や茎を持たないので、葉から水分を吸収しなければならない。非維管束植物は、湿った場所で生きる必要がある。そうしないと、すぐに乾ききってしまう。

苔類
苔類には、葉状体というリボン状の植物体（葉でも茎でもない構造）を持つものと、大きく裂けた葉が何枚も折り重なっているものがある。たいていは高さ10cm以下で、胞子は蒴柄の先の蒴に入っている。

茎の断面図
維管束植物は、茎のなかに木部と師部という、2組の管を持つ。木部は、水やミネラルを、根から葉や花まで運ぶ。師部は、光合成により葉で作られた栄養分を、植物のすみずみまで運ぶ。植物は、これらの大切な栄養分を使って、生長したり生殖したりするのだ。

木部
師部

緑藻植物
緑藻植物は、小さな単細胞のものから、大きな海藻類まで、大きさがさまざまである。水があるところなら、氷や雪の上でもどこでも育つ。生殖は、胞子を空中または水中にまき散らしておこなう。

生命の多様性

夜、姿を現すものたち

動物の仲間?

長いあいだ、科学者たちは、菌類を植物界の仲間として分類していた。だが実際には、菌類は動物に近いことがわかっている。菌類の細胞壁は、昆虫や甲殻類の殻に含まれるキチン質という物質でできている。また、栄養分をグリコーゲンとして蓄えるが、これは動物の筋肉や肝臓に見られる炭水化物だ。これに対し、植物は、セルロースでできた細胞壁を持ち、栄養分をデンプンとして蓄える。

> 食べちゃダメ！野生のキノコは、まず専門家に見てもらおう。

キノコ

いわゆる「キノコ」は、地下に育つ菌類の子実体（胞子をまき散らす器官）である。形はさまざまで、雨がさや、ホットケーキ、茶わん、しなびたくだものなどに似ている。アミガサタケやトリュフのようなキノコは、食用になり、良質のタンパク源というだけでなく、味もいい。しかしツキヨタケのように、有毒なキノコも多いので注意が必要だ。ほかに、布や紙の染料として使われる、鮮やかな色のキノコもある。

キノコの体

キノコの全体を見ることは、めったにない。その大部分が地面の下にかくれているからだ。ほとんどのキノコは、菌糸という細長い糸が生長して、土のなかを縫うように広がり、菌糸体というあみの目状の組織を形成している。地上に出ている、いわゆる「キノコ」は、胞子を持つ器官で、全体のほんの一部にすぎない。「キノコ」は、柄とかさからなり、かさのうらのひだに胞子が入っている。

かさ / ひだ / つば / 柄 / 菌糸体

毒キノコがはえてくる　　かさが大きくなる

菌類は、自分で養分を作り出せないため、土から吸収したり、ほかの生物の死がいを分解したりして栄養を得ている。腐生菌という菌類は、死んだ生物を分解する酵素を分泌する。これに対し、寄生菌は、樹木など、生きている宿主の上で生長して栄養素を得る。宿主である樹木は、かわりに、菌類の菌糸体から余分の栄養素を手に入れる。

ブルーチーズの青いしま模様は、チーズのひび割れに発生した

夜、姿を現すものたち

菌類と菌界に属するその仲間たちは不思議な生物で、一夜にして、どこからともなく姿を現す。それは、菌類のきわめて小さな胞子が、そこらじゅうに浮遊しているからだ。雨は、胞子が芽を出すのに良い条件をもたらすので、キノコは、とくに雨のあとに生えやすい。キノコを見つけるのに一番いい場所は、温帯地方の森林だ。

| サルノコシカケ | ツキヨタケの一種 | カラカサタケ | アミガサタケ |

カビ

カビは、ミクロな菌類である。カビの胞子はいたるところにあり、栄養源を見つけると、すかさず白い網状の菌糸を送りこんで、あっという間に発生する。生殖する用意ができると、ピンク、青、灰色、黒、緑など、色とりどりな胞子を作る。胞子は粉をふいたように見える。

酵母菌

酵母菌は、単細胞の菌類である。コロニー（集団）を作って生活し、自分の細胞壁を通して栄養素を吸収する。ほとんどの酵母は、花の蜜のような、天然の甘い液体環境に存在する。発酵により、炭水化物を二酸化炭素に変えるパン酵母や、炭水化物をアルコールに変えるビール酵母などがある。

地衣類

地衣類は、実は、菌類と藻類という2つの生物が、共生してひとつになったものである。藻類は、菌類の組織のなかに入りこみ、外界から守ってもらいながら、水と栄養分をもらう。そのかわりに、藻類は光合成でデンプンを作り、その一部を菌類に与える。このようにおたがいに利益を得る共生関係により、地衣類は、雨の降らない砂漠の岩の上など、過酷な環境下でも生きていける。ほかの菌類とちがい、地衣類の生長はたいへん遅く、何百年も生きているものもある。

世界最大の生物は菌類の一種だ。そのキノコは、アメリカ合衆国オレゴン州の森のなかで、10km²にわたって菌糸体を広げている。推定年齢は8,500歳といわれる。

カビによるものだが、食べても、まったく問題ない。

生命の多様性

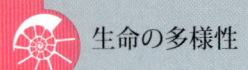

動物界の大きな仲間と…

動物界では、130万をこえる動物が、種として記載され命名されており、さらにそれ以上の動物が発見されるのを待っている。ここでは、背骨を持つ動物（脊椎動物）を、次の38-39ページでは、背骨を持たない動物（無脊椎動物）をいくつか紹介しよう。

哺乳類　　　　　　　　　　　　　　　　　　　　　　　　　種の数：5,500

おもな特徴　　子どもを産む　　子どもを乳で育てる　　体毛や毛皮を持つ　　恒温

哺乳類は、動物界で最後に進化してきたグループである。きわめて多様な種類が、陸上や水中で生活している。その大部分は、十分発達した子どもを出産するが、カモノハシ科とハリモグラ科の動物だけは卵を産む。これらは、単孔類として知られている。また、カンガルーやコアラなどの有袋類は、未熟な状態の子どもを産み、子どもはひとり立ちできるまで、母親のおなかの袋のなかで育つ。哺乳類には、肉を食べる肉食動物、植物を食べる草食動物、両方を食べる雑食動物がいる。

シマウマ 　カンガルー 　イヌ 　ウサギ 　ヒト

鳥類　　　　　　　　　　　　　　　　　　　　　　　　　　種の数：10,000

おもな特徴　　卵を産む　　羽毛におおわれている　　ほとんどが空を飛ぶ　　恒温

鳥類は、恐竜が栄えた時代に進化し、恐竜とたいへん近い関係にある。防水性の暖かい羽毛を持ち、足には、ウロコとかぎづめがある。歯のかわりに、エサとする食べ物の種類に合わせて特殊化した、固いくちばしを持っている。すべての鳥類は翼を持ち、骨格が軽いおかげで楽に飛行できるが、なかには飛べない鳥もいる。ペンギンのように、羽が遊泳に適応している鳥だっている。また飛べない陸鳥のほとんどは、バランスをとるためや、求愛や威かくなどの際のディスプレー（誇示）に、翼を使っている。

コンゴウインコ 　コマドリ 　ショウジョウトキ 　ハクチョウ 　ペンギン 　ダチョウ

動物界の大きな仲間と…

ハ虫類
種の数：9,400

おもな特徴　卵を産む　　子どもを産む種もある　　ウロコのある皮ふ　　変温

ハ虫類は、およそ３億２千万年前、気候が暑くなり乾燥したころに、両生類から分かれて進化した。卵を保護する固い殻ができたことで、ハ虫類は陸上で産卵できるようになり、そのおかげで、新しい地域に生息域を広げることができた。変温動物であるため、朝には太陽の熱で体温を上げる必要があるが、ひとたび活動を始めると、筋肉が熱を生み出すようになる。体温が上がりすぎたときには、日陰に移動する。

カメ 　カメレオン 　セビレトカゲ 　コブラ 　クロコダイル

両生類
種の数：6,600

おもな特徴　卵を産む　　湿った皮ふ　　生涯の一時期を水中ですごす　　変温

両生類は、淡水域の水辺で生活する。卵に殻がないため、水中に卵を産んで、卵が成長するあいだ、乾燥を防いでいる。カエルの場合、子どものころはオタマジャクシとして生活し、エラから呼吸し、尾を使って泳ぐ。おとなに変態するころには、肺が発達し、尾がなくなって、陸上で生活できるようになる。皮ふからも呼吸するため、つねに皮ふを湿らせておけるよう、湿った環境にすまなければならない。

どうだい、この皮ふ呼吸ウェアは！

ヤドクガエル 　ツノガエル 　ヨーロッパイモリ　メキシコサラマンダー 　ツノガエル

魚類
種の数：32,500

おもな特徴　卵を産む　　子どもを産む種類もある　　水中で生活する　　ほとんどが変温

魚類は、最初に背骨を持つようになった動物である。水中で生活し、頭の後方にある１組のエラから酸素を取り入れている。流線型で、なめらかな皮ふ、またはウロコを持っているので、水中を楽々とすべるように進むことができる。ヒレを使って方向を変え、筋肉の発達した尾で前進する。マグロ、メカジキ、ある種のサメなど、速く泳ぐ魚には、動脈と静脈をセットにした奇網とよばれる特別な血液循環の仕組みがあり、体温の上昇をおさえている。

いっただき〜！

キンギョ 　ニシキヤッコ 　ミノカサゴ 　ウナギ 　サメ

37

生命の多様性

・・・小さな仲間

動物界のおよそ97％は、無脊椎動物とよばれる、背骨を持たない生き物だ。それだけではない。彼らには、骨でできている骨格も、ちゃんとした両あごもない。かわりに、多くの種は、固いおおい（外骨格）で体を支えたり、殻で身を守ったりしている。無脊椎動物には、30以上の大きなグループがあるが、ここでは、きみたちにもなじみの深いグループをいくつか紹介しよう。

昆虫類　　　　　　　　　　　　　　　　　　　種の数：100万以上

おもな特徴　　関節のある6本の脚　　複眼　　固い外骨格を持つ種が多い　　羽を持つ種が多い

昆虫類は、地球上の動物のなかでもっとも数が多く、またおそらくもっとも繁栄しているグループだ。最初に空を飛ぶようになった生き物であり、そのために多くの新しい環境で、生息地を増やすことができた。昆虫がふ化するとき、チョウなどいくつかの種の幼虫は、成虫とはまったく異なる姿で生まれる。彼らは、完全変態という過程を経て、幼虫からさなぎ、さなぎから成虫へと、体の形を変化させる。バッタなどほかの種では、さなぎの時期がなく、外骨格をぬぎ捨てる脱皮をくりかえして成長する。

テントウムシ 　コガネムシ 　マルハナバチ 　チョウ 　ガ 　ナナフシの仲間

甲殻類　　　　　　　　　　　　　　　　　　　種の数：50,000

おもな特徴　　関節のある脚　　固い外骨格

甲殻類は、おもに水中で生活している。ただし、ワラジムシ類だけは陸上にすむ。昆虫類に近い仲間だが、昆虫ほどはっきりした体節に分かれておらず、いくつかの体節は融合している。とくに、頭部と胸部は融合して固い殻におおわれ、目や頭部を保護している。ロブスターやカニには、恐ろしげなハサミがあるが、これらは攻撃のためというよりは、むしろ防御や、食べ物を口に運ぶ役割を担う。ほとんどの甲殻類は、ほかの生物の死がいや、水中の浮遊物を食べて生きている。

クモガニの仲間 　ロブスター 　小エビ 　ダンゴムシ 　ヤドカリ

···小さな仲間

クモ形類　　　　　　　　　　　　　　　　　種の数：65,000

おもな特徴　　8本の脚　　　　　　クモの巣を作るものが多い

クモ形類は、陸上または淡水のなかで生活する。体は、2つに分かれていて、頭部と胸部が融合した部分と、腹部からなる。たいていは肉食性で、体内で作った消化酵素を獲物にかけ、溶かしてから飲みこむ。多くの種は、ほかの動物を捕まえて食べる狩人だ。クモは、絹糸のような糸を吐いて巣を張り、獲物をわなにかける。またサソリと同じように、獲物に毒液を注入する。多くのクモ形動物の体には、振動を感知する細かい毛があり、これで触覚を得ている。

ダニ　　トタテグモ　　コガネグモの仲間 　　サソリ 　　タランチュラ

軟体動物　　　　　　　　　　　　　　　　　種の数：110,000

おもな特徴　　やわらかい体　　体節がない　　殻を持つものが多い

軟体動物は、バラエティに富んだグループで、実にさまざまな形をした生き物がいる。多くは、固い殻で体を支え、外界から身を守っている。軟体動物は、神経系と原始的な脳を持つ。ただし、タコとイカの場合は、脳がきわめて発達している。軟体動物は、歯舌という小さな歯のようなものを持ち、藻類を岩からはがし取ったり、ほかの軟体動物の殻に穴をあけて、身を食べたりすることができる。タコ科の仲間は、自由に遊泳できる。ホタテガイは、殻の開け閉めで水を噴き出し、推進力を利用して移動する。ほかに、1本の筋肉質の足をたくみに使って海底を動き回る軟体動物もいる。

アフリカマイマイ

リボンウミウシ 　　ホタテガイ 　　オオジャコガイ 　　タコ

刺胞動物　　　　　　　　　　　　　　　　　種の数：11,300

おもな特徴　　やわらかい体　　　　　　体から水を押し出して泳ぐ

刺胞動物は、水中だけに生息し、水が彼らの体を支えている。光は感知できるが、ちゃんとした目はない。そのかわりに、においと触覚で獲物や天敵を感知する。刺胞動物の多くは、触手に刺胞（針と毒液をそなえた細胞）を持ち、触手に触れた動物に毒や消化酵素を注入する。イソギンチャクやサンゴの仲間の大部分は、ろ過摂食者といって、触手をのばして水を濾しとり、水中の浮遊物をつかまえて栄養分を吸収している。

ノウサンゴ 　　アカサンゴ 　　クラゲ 　　ウミトサカ 　　イソギンチャク

39

生命の多様性

極微の世界

地球上のほとんどの生物は、わたしたちの目には見えない。でも、もし空気や水や土を1cm³とって、顕微鏡でのぞいてみたら、そこは生命にあふれているだろう。このようにきわめて小さな生物を「微生物」という。微生物には、植物、動物、菌類、原生生物、細菌が含まれる。

顕微鏡は、ますます高性能になってきた。今では、走査型電子顕微鏡を使えば、倍率50万倍以上で見ることができる。

微生物も、ほかの生物と同様、自分で養分を作るものもいれば、ほかの生物を食べなければならないものもいる。彼らは、個体（ひとつ）またはコロニー（集団）で、陸上・水中・空気中など、あらゆる環境で生活している。古細菌という細菌は、地球上のもっとも過酷な環境下でも生き延びる。たとえば、温泉や、強い酸性の池、地中奥深くなど、ほかの生き物にとっては命取りとなるような場所でも生きている。

細菌（バクテリア）

たったいま微小動物を見つけたぞ！

アントニ・ファン・レーウェンフーク

今では、見えるけれど…

目には見えなかったにもかかわらず、人びとは何世紀ものあいだ、微生物の存在を信じ、それが病気の原因なのではないかと考えていた。17世紀になって顕微鏡が発明されて初めて、いかに多くの微生物がいるのかということが明らかになった。「微生物学の父」として知られるオランダの科学者、アントニ・ファン・レーウェンフーク（1632-1723）は、彼が「微小動物」と呼んだものを、初めて発見し、観察した人物だ。

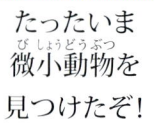

極微の世界

細菌類（バクテリア）

細菌類は、たった1個の細胞でできた単細胞の微生物である。最大でも、長さ0.5mmほどで、肉眼でやっと見える大きさだ。その形には、球状、カン状（棒のような形）、らせん状のおもに3種類がある。また、いくつかの菌が鎖状につながったり、群れをなしたり、マット状に密集する種もある。細菌は、人間にとって役にも立てば、有害にもなる。

役に立つ細菌
牛乳からチーズやヨーグルトを作り、汚水を処理し、牛の消化を助け、土壌の窒素固定をする。

ヨーグルト菌

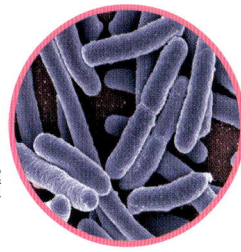

有害な細菌
動物や植物の病原体となり、水を汚染し、食中毒を起こす。

大腸菌

原生動物

単細胞の微生物のなかでもっとも進化した形態を持つのが原生動物で、原生生物界に属する。多くが、細菌には見られない特徴を持っている。たとえば、むちに似たべん毛、繊毛、足のような突起（仮足）などで、これらを使って動く。エサとして、細菌、単細胞の藻類、微小菌類などを捕らえて食べる。マラリアのような病気の原因となる原生動物もいる。

マラリア病原虫

菌類

多くの人は、菌類というとキノコを思い浮かべるだろうが、目に見えないごく小さい菌類も多い。水虫やタムシのような病気を引き起こす菌や、葉っぱを枯らす菌もある。酵母菌は、パンや醤油を作るのに利用され、アオカビは、ブルーチーズを熟成させる。菌類は、細菌の増殖をおさえる抗生物質を生産するのにも使われる。

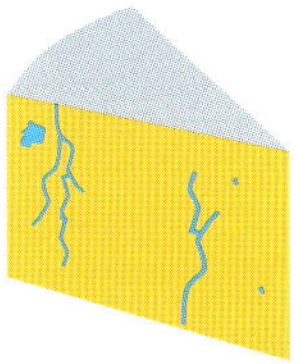

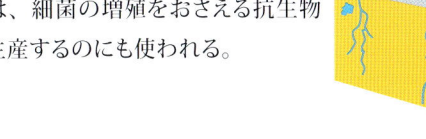

ブルーチーズのアオカビ

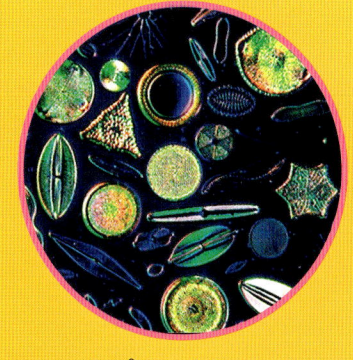

プランクトン

今日、海でくらす生物の大部分は、細菌である。これらの細菌と、顕微鏡でなければ見えないほど微小な動物、幼虫、植物を合わせて、プランクトン（浮遊生物）という。海の表面近くのよく日の当たる層に集まっていて、より大きな動物の食べ物となる。「プランクトン」という名前は、漂流者や放浪者を意味するギリシア語からきている。なぜならプランクトンは、潮流に乗って漂っているからだ。

プランクトン

ミクロ・クイズ

なんだかわかる？
ヒントを読もう！

1 美しい色のウロコが、この昆虫が飛んだり羽ばたいたりするのを助けている。たいてい、見た目はなめらかで繊細だ。

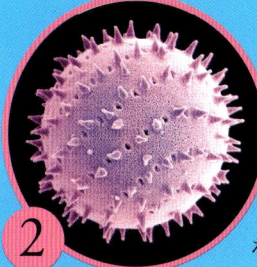

2 もしきみが春に鼻や目が痛くなるのだったら、きらいだろうね。でも、これがないと植物は子孫を残せないんだ。

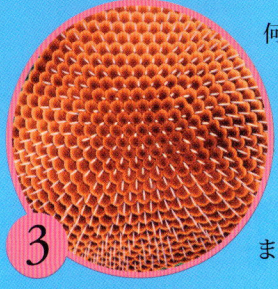

3 何百という小眼でできていて、すごく便利な器官。これの持ち主の小さな動物は、なかなか捕まえられない。

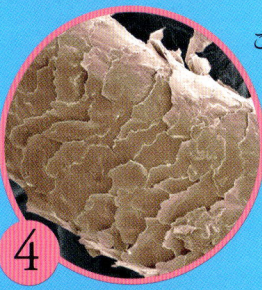

4 この死んで角質化した細胞の柱は、わたしたちを守ってくれている。毎日0.3mm成長する。

5 植物の、やわらかくて繊細な部分が、拡大するとこんなにデコボコだとは、だれが想像できる？

答え：1.チョウの羽 2.花粉の粒子 3.ハエの目 4.ヒトの爪 5.花びら

虫ピンの頭の上には、100万個の細菌を乗せることができる。

ともに生きる

地球には、あふれんばかりに多くの種が存在している。幸いなことに、みなが同じ場所にすみたがったり、同じものを食べたがったりしてはいない。だからといって、すべての生物が仲よく一緒(いっしょ)にくらしているわけでもない。生物は、たとえ同じ種の仲間同士でも、激しい生存競争にさらされている。地球上のすべての生物は、緊密(きんみつ)に結びついた、ひとつの大きなコミュニティーの一員として生きている。そのため、ひとつでも種が滅(ほろ)びると、生態系全体に影響(えいきょう)がおよぶことがある。

ともに生きる

豊かな世界

地球上のすみからすみまで、どんなところでも、かならず何らかの生命がくらしている。世界で一番高い山の頂上から深海の底まで、生きていくために必要な栄養素や手段を見いだし、そこでくらしている生物が、かならず存在する。

どんな生物がどこにくらしているか

生物は地球上のありとあらゆる場所に見られるが、北極や南極付近と比べて、熱帯地域には、はるかに多くの種がくらしている。気候と食べ物の豊かさが、そこに生きる種の数と種類を決める最大の要因だ。

気候

北極
植物や菌類（きんるい）が、極寒で生き延びるのは難しい。だから、ここにくらしているのは、おもに動物や細菌（さいきん）だ。

北半球
気温が高く、雨がよく降るので、植物や菌類がよく育ち、動物の種類も多い。

赤道地帯
気温と湿度（しつど）が高く、日差しの強い赤道地帯は植物の宝庫だ。ここは、生物にとって、食べ物にこと欠かない理想的な生息地であり、地球上でもっとも多くの種が集まっている。

南半球
さまざまな種類の植物や動物が見られ、海にも多くの種があふれている。

南極
植物はほとんど育たないが、氷の下にしっかりした大地があるため、ここで子育てをする動物や鳥もいる。

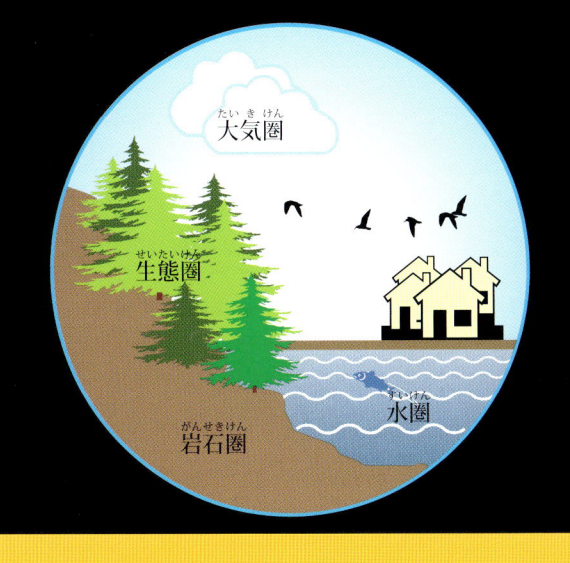

豊かな世界

生物圏

生物がくらす世界のことを、科学者たちは生物圏と呼ぶ。生物圏は、大気圏の上層から、深海の海溝や、地中の奥深くにまで広がっている。生物圏は、ほかのすべての「圏」、つまり大気圏（空気）、水圏（水）、岩石圏（大地）、生態圏（生物）がおたがいに出会い、影響を与え合うところだ。

大気圏
生態圏
岩石圏
水圏

生物多様性

ある地域に、さまざまな植物、動物、微生物が存在することを、その地域の生物多様性という。熱帯のように、温度や湿度などの物理的条件がよい地域には、生物が育つのを支える資源が豊富にあるため、植物や動物の多様性は高くなる。一方、条件に恵まれない地域では、植物や動物の種類も少なくなる。

捕食者
草食動物
植物
分解者

多様性：低　　多様性：中　　多様性：高

命あふれる場所

地球上には、おどろくほど多様な種に恵まれた場所があり、ホットスポット（または生物多様性ホットスポット）という名で知られている。ホットスポットにすむ植物や動物の多くは、その地域でしか見られないものだ。さまざまな種が存在するホットスポットは、新しい薬や作物、さらに新技術のアイディアをも生み出す可能性を秘めた貴重な場所である。しかし、このような種の豊かさに人間が目をつけたために、いまでは多くのホットスポットが、生息地の喪失や、資源の使い過ぎなどの脅威にさらされている。日本列島もそのひとつだ。ホットスポットは海にも存在し、豊かな漁場を作り出している。

世界のおもな生物多様性ホットスポット

45

ともに生きる

だれもがシステムの一部

どんな生物も、ひとりだけでは生きていけない。あらゆる生物は、まわりにくらすほかのすべての生物（植物・動物・細菌・菌類など）とつながり合い、生きるために空気・土壌・水・太陽の光を必要とし、また環境に何らかの影響を与えている。このように同じ場所でくらす異なる種の生物の集まりを生物群集といい、彼らが生きている環境を含めて生態系と呼ぶ。

生態系

岩の小さな割れ目から、地球そのものまで、生態系にはさまざまな大きさのものがある。特に大きな生態系は、バイオーム（生物群系）と呼ばれ、いくつもの生態系が集まってできている。また、それぞれの生態系は、数多くの生息地から成り立っている。生息地とは、1種類以上の生物がすむ場所であり、その生物が必要とするすべてのものを供給できなければならない。さもなければ、生物はもっと適した場所へと移ってしまうだろう。

自分のニッチを見つける

すべての生物は、その種に特有のくらし方をしている。ひとつの生息地にはたくさんの種がくらしているが、それぞれが生物群集のなかで「ニッチ」と呼ばれる自分の役割を持っている。たとえば、森はキツネに生息地を提供している。キツネのニッチは、同じ森にすむ小さな動物を食べる捕食者の役割だ。北アメリカの大草原プレーリーでは、キツネと同じ捕食者のニッチをコヨーテが占めている。しかし、キツネとコヨーテが同じ生息地で同じニッチを占めようとすることは決してない。両方が生きていくのに十分な食べ物はないからだ。

理想的な生息地

木は、鳥・昆虫・哺乳類など、さまざまな生物に生息地を提供している。鳥は木の枝をすみかとし、昆虫を食べ、巣を作ってひなを育てる。哺乳類は木の根のあいだに巣穴を掘り、木の実や種を食べる。昆虫は木の葉を食べ、葉に卵を産みつける。木は鳥に害虫を食べてもらい、哺乳類に種をあちこちへ運んでもらう。それぞれの生物がそれぞれの目的で木を利用するが、どの生物も同じ木にすむほかの種とおたがいに影響しあい、依存しあっている。

キツネ
昆虫
鳥
森

たえず変化する

生態系は、長い時間をかけて変化する。むき出しの地面も、やがては森になるのだ。地面に新しい植物が根を下ろし、それを食べる動物が集まってくると、次には、その動物を食べる捕食者がやってくる。新しい種が次々とやって来て新しい空間を埋めていくにつれ、生態系はしだいに複雑になる。最終的には生態系が成熟し、そこに生きるすべてのものが、生きるために必要なものを必要な分だけ持っているという、調和状態に達する。

キツネが
すんでいます

ウサギ

ここは
やめとこ！

コヨーテ

だれもがシステムの一部

循環させる

生態系の大事な働きのひとつは、エネルギー・水・栄養分を循環させることだ。循環は、生命にとって欠かすことのできない重要なものだ。もし、生命に必要な物質がひとつでも途中で止まって使えなくなったら、最後には生命も止まってしまうだろう。循環のサイクルには、何百万年もかけて起こるものもあれば、たった1日でひと回りするものもある。

炭素循環

炭素の循環を見てみよう。生命にとって重要な元素が、自然界でどのように循環しているのかがよくわかる。植物は大気から二酸化炭素を取りこみ、それを使って光合成をおこなう（18-19ページ参照）。動物は植物を食べ、炭素を使って筋肉を作る。また、呼吸によって二酸化炭素を大気に放出する。死んだ動物や植物は分解者によって分解され、炭素は土に返される。

炭素循環

太陽の光

放出される二酸化炭素の量が増えすぎると、自然界の炭素循環のバランスがくずれてしまう。

植物は大気から二酸化炭素を取りこみ、それを使って光合成をおこなう。

動物は呼吸によって二酸化炭素を放出し、大気へ戻す。

植物も夜のあいだに二酸化炭素を放出する。

車や工場を動かすために石油や石炭などの化石燃料が燃やされ、二酸化炭素が大気中に放出される。

石炭は、数億年前の木が、腐るまえに地中に埋もれて、炭素になったものだ。

生物の死がいや排せつ物は分解者によって分解され、炭素は土に返される。

死んだ植物はやがて腐って、炭素として土に埋もれたり、二酸化炭素やメタンになったりする。

カニの固い甲らは、炭素化合物だ。

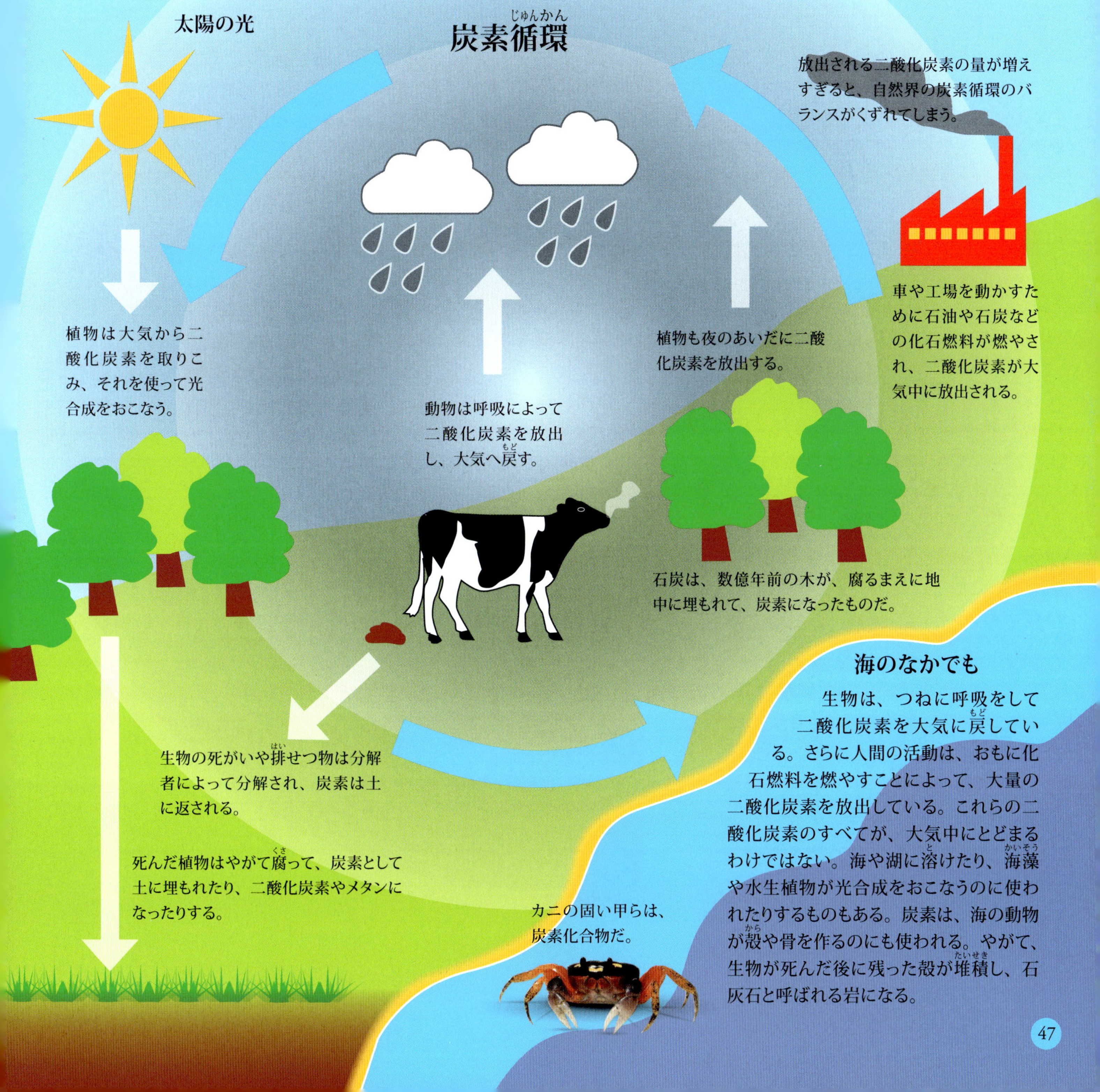

海のなかでも

生物は、つねに呼吸をして二酸化炭素を大気に戻している。さらに人間の活動は、おもに化石燃料を燃やすことによって、大量の二酸化炭素を放出している。これらの二酸化炭素のすべてが、大気中にとどまるわけではない。海や湖に溶けたり、海藻や水生植物が光合成をおこなうのに使われたりするものもある。炭素は、海の動物が殻や骨を作るのにも使われる。やがて、生物が死んだ後に残った殻が堆積し、石灰石と呼ばれる岩になる。

ともに生きる

生物分布帯

地球上の生物は、バイオーム（生物群系）という大きな生態系に属している。バイオームは、同じような気候条件（気温・降水量・風速など）を持つ地理的区分にもとづいている。またバイオームを特徴づけているのは、そこにおもに生育する植物だ。異なる半球や大陸のあいだでも同じ種類のバイオームを見ることができるが、それぞれのバイオームに属す動物や植物の種は大きく異なっている。

温帯林

このバイオームに育つ木は、冬になると葉を落とす広葉樹の仲間だ。温帯林には、はっきりとした四季があり、1年を通じて定期的に雨が降る。このような地域にくらすのは、おもに植物の種や木の実、葉、ベリー類などを食べる動物か、肉も植物も食べる雑食動物だ。

熱帯林

気温と湿度が高く、太陽が降りそそぐ熱帯林は、木が育つにはもってこいの場所だ。たいていの動物が木をすみかとしており、花の蜜や花粉、果物など、1年を通じて食べるものにはこと欠かない。バイオームのなかでも、植物、動物、菌類の種数が特に豊かな地域だ。

山地

山地は、さまざまな生息地から成り立っている。山頂部分は気温が低くて風が強く、岩だらけで植物がほとんど生えないが、山を下るにつれて景色が変わる。低木や針葉樹が見られるようになり、次に広葉樹が広がる。谷底はたいてい土壌が肥えており、草地や森におおわれている。

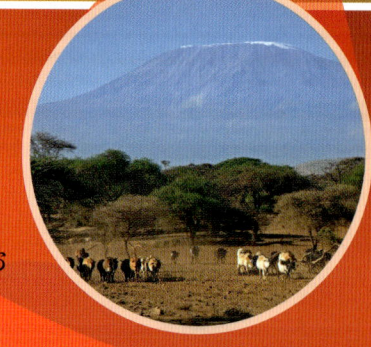

生物分布帯

ツンドラ

ツンドラは北極圏の南端に広がる地域だ。1年の大半は雪におおわれていて、春と夏のあいだだけ雪が溶け、背の低い植物が生える。この地域にすむ動物は、厚い毛皮や羽毛におおわれており、冬のあいだ体が冷えないように脂肪を蓄えることができる。

北方針葉樹林

タイガとも呼ばれる。背が高く頑丈な木が育ち、とくに針葉樹が多く見られる。針のような形をした針葉樹の葉は、丈夫で風に強く、雪もすべり落としてしまう。ここで一番上位にいる動物は、オオカミ、キツネ、イタチ、クズリなど、肉食の哺乳類だ。

砂漠

砂漠は気温が高く、非常に乾燥している。サボテンなどの植物は、茎や根がふくらんでいて、そこに水を貯めることができ、トゲのような小さな葉で水の蒸発を防いでいる。砂漠にすむ動物は、長いあいだ水を飲まずに生きることができる。日中の暑さを避けるため、穴を掘ってひそんでいる動物もいる。

草原地帯

自然の草原は、どの大陸でも見ることができる。夏は非常に気温が高くなるが、雨が少ないため、木や低木は成長しない。木のかわりに草などの植物におおわれていて、植物を食べる哺乳類の群れにとって理想的な草地が広がっている。これら草食の哺乳類が、ライオンのような体の大きい肉食動物のエサとなる。

極地

氷、ハリケーンのもたらす暴風、氷点下の気温という厳しい条件にくわえ、何か月も暗闇におおわれる北極や南極は、大半の陸にすむ生物にとってくらしにくい場所だ。この地域の生物の多くは、季節とともに移動する。しかし、北極や南極の海は、微小なプランクトンから巨大なシロナガスクジラにいたるまで、さまざまな生命に満ちている。

> ここで生きるのはたいへんだ

49

ともに生きる
ちょっと変わった同盟関係

自分と同じ種と仲よくするのは、確実に生き残るためのひとつの方法だ。でももうひとつ方法がある。それは、別の種類の生物と緊密（きんみつ）な同盟関係（共生）を結んで、おたがいが利益を得るようにすること。お隣（となり）さんと仲よくすれば、報われることも多い。

片利共生（へんりきょうせい）
異なる種のあいだで結ばれる関係のなかで、片方だけが利益を得る場合がある。体が大きい方は小さい方に、食べ物、すみか、移動手段などを提供するが、それによって特に損をすることもなければ、得をすることもない。このような関係を、片利共生という。

おとりだとかいうヤツもいるけど、ここは案外いごこちいいんだぜ

クマノミ / イソギンチャク

ここなら太陽の光をたくさん浴びられるの

木 / ラン

乗り心地は上々。文句をいわれることもないしね

ナマコ / ウミウシカクレエビ

クマノミは、イソギンチャクの触手（しょくしゅ）のなかにすんでいる。ほかの魚は触手にさわると麻痺（まひ）してしまうが、クマノミは触手の毒に対して免疫（めんえき）を持っているので、ここは理想の隠（かく）れ家といえる。おまけに、イソギンチャクの食べかすにもありつける。イソギンチャクはといえば、クマノミをおとりに大きな魚をおびきよせられるかもしれないが、あとはときどき体をきれいにしてもらうだけだ。

熱帯雨林には、木の枝の高いところに根を下ろすランが数多く見られる。樹上にくらすことで、日の射さない林床（りんしょう）に生えるよりも、ずっと太陽の光に近づくことができる。たくさんのランがいっぺんに生えようとして、その重みで枝が折れてしまわない限りは、木に害がおよぶことはない。ランは必要な水と栄養をすべて空気と雨からとりこむ。ときには、枝に積もった植物片からとりこむこともある。

ウミウシカクレエビは、ナマコやウミウシの上でくらしている。すみかとして、また移動のための「乗り物」として利用しており、ナマコやウミウシが散らかした食べ物の破片をエサにしている。彼（かれ）らのフンを食べることさえある。また、ウミウシが毒を持っていると思われていることも、ウミウシカクレエビに有利に働く。さらに、ウミウシカクレエビは、「乗り物」に合わせて自分の色を変え、カムフラージュをして身を守る。

ちょっと変わった同盟関係

みんなの家

ナマケモノの毛皮は緑色に見えることが多いが、それは毛皮の表に藻類が生えているからだ。藻類のおかげで、ナマケモノは木々の葉にまぎれることができるし、毛づくろいをしながら栄養をとることもできる。この藻類は、ナマケモノの毛皮にしか育たない。また、ナマケモノの毛皮には、ガもすんでいる。ガは藻類を食べ、ナマケモノのフンに卵を産む。毛皮には、ダニや甲虫など、ほかにも数種の昆虫がすんでいる。

ガ / 藻類 / ナマケモノ

どっちも大好きだよ

相利共生

緊密な関係を結ぶことで、両方の種が利益を得るという場合がある。ふだんは別々にくらしているが、ある一定の期間だけ一緒にいることで得をする生物もいれば、おたがいに深く依存し合い、一緒にいないと生きていけないという生物たちもいる。このような関係を、相利共生という。

わたしはおいし〜い蜜を手に入れて、お花は花粉をつけてもらう。おたがい満足！

ミツバチ / 花

藻類とぼくは、持ちつ持たれつの関係。でも、もし負担になったら出ていってもらうよ！

サンゴ / 藻類

前は歯科衛生士が嫌いだったんだけど…ここではみんな喜んで口の中を見てくれるのよ

魚 / ホンソメワケベラ

花を咲かせる植物の多くが、受粉や、種子の拡散を、昆虫や鳥、動物に頼っている。動物は食べ物を手に入れ、そのかわりに花の生殖を手伝っているというわけだ。ミツバチは蜜と花粉を集めるために花にやって来る。ミツバチが花から花へと移るときに花粉が運ばれるので、花は確実に受精して実をつけることができる。

サンゴや地衣類は、自分の組織のなかに藻類をすまわせている。藻類は、大事な栄養分をもらうかわりに、光合成によって作り出した糖分を与えている。すべてのサンゴが藻類と一緒にくらすわけではないが、同居を認めているサンゴは、どれだけの藻類をすまわせるかを自分で調節する。負担が大きくなると藻類を追い出してしまうが、長いあいだ藻類がいないと、サンゴは死んでしまう。

多くの魚は、寄生虫や皮ふ病の菌、死んだ皮ふなどを取り除くのに、ほかの生物を頼っている。サンゴ礁にはクリーニングステーションがあり、大きな魚が列をなして、そうじをしてくれる小魚やエビの注意を引こうとしている。大きな魚は、そうじ係に合図を送り、近づいても安全だと知らせる。すると彼らは、お客の口やエラのなかを出たり入ったりして、おいしそうな食べ物を探す。

51

ともに生きる

食うものと食わ

「つかまらないもんね〜」

すべての生き物は、生きていくために栄養をとらなければならない。栄養は、細胞の働きを保つのに必要なエネルギーを供給する。エネルギーがなければ、生物は動くことも息をすることも成長することもできない。たいていの生物は自

生産者と消費者

自分で栄養を作る生物は、生産者と呼ばれる。自分のまわりにある、二酸化炭素・水・太陽の光を使って炭水化物を作り出す植物は、生産者だ。一方、ほかの生物を食べることで栄養をとる生物は、消費者と呼ばれる。自分で栄養を作ることができず、植物やほかの動物を食べることでエネルギーを得ている動物は、消費者だ。

食物網

エネルギーが減っていく

食物連鎖では、ひとつの段階から次の段階へとエネルギーが渡されていくが、段階が進むたびに、渡されるエネルギーの量は減っていく。草食動物が植物を食べるとき、植物の持つエネルギーのうち、一部は動物の筋肉や組織になり、残りがその動物の体を維持するために使われる。この動物を肉食動物が食べると、筋肉や組織の形で蓄えられていたわずかなエネルギーだけが、肉食動物に渡されることになる。

生態ピラミッド

このピラミッドの底辺には、草や低木などの植物がいる。まんなかには草食動物が来て、頂点に1匹の肉食動物が立つ。1匹の肉食動物を支えるには、たくさんの草食動物が必要であり、さらにその草食動物を支えるには、大量の植物が必要となる。

コヨーテ
ネズミ
草

エネルギーが減っていく

食われる

太陽エネルギー

サボテン
イネ
牧草
草地の花
低木

草原地帯の**生産者**は、草、花、低木、サボテンなど。みな、自分で栄養を作り出している。

食うものと食われるもの

れるもの

分で栄養を作り出す力がないので、それができるほかの生物を食べることによって、栄養をとらなければならない。ここから、食物連鎖が始まる。

オレさまをなめるなよ！ガブリ！

食物連鎖には、たいてい4つか5つの段階しかない。しかし、ほとんどの動物はいくつかの食物連鎖の一部となっており、自分に必要なエネルギーを得るために1種類以上のものを食べている。このように、いくつかの食物連鎖が相互に関係して作られるのが、食物網だ。

食物連鎖を調節する力

食物連鎖のひとつの段階の生物が多くなりすぎると、バランスを元に戻すような力が働く。ミュールジカの数が少なくなると、それを食べるコヨーテのエサが減ることになる。しかし、コヨーテが飢えて死んでしまうと、生き延びて生殖をするミュールジカの数が増える。

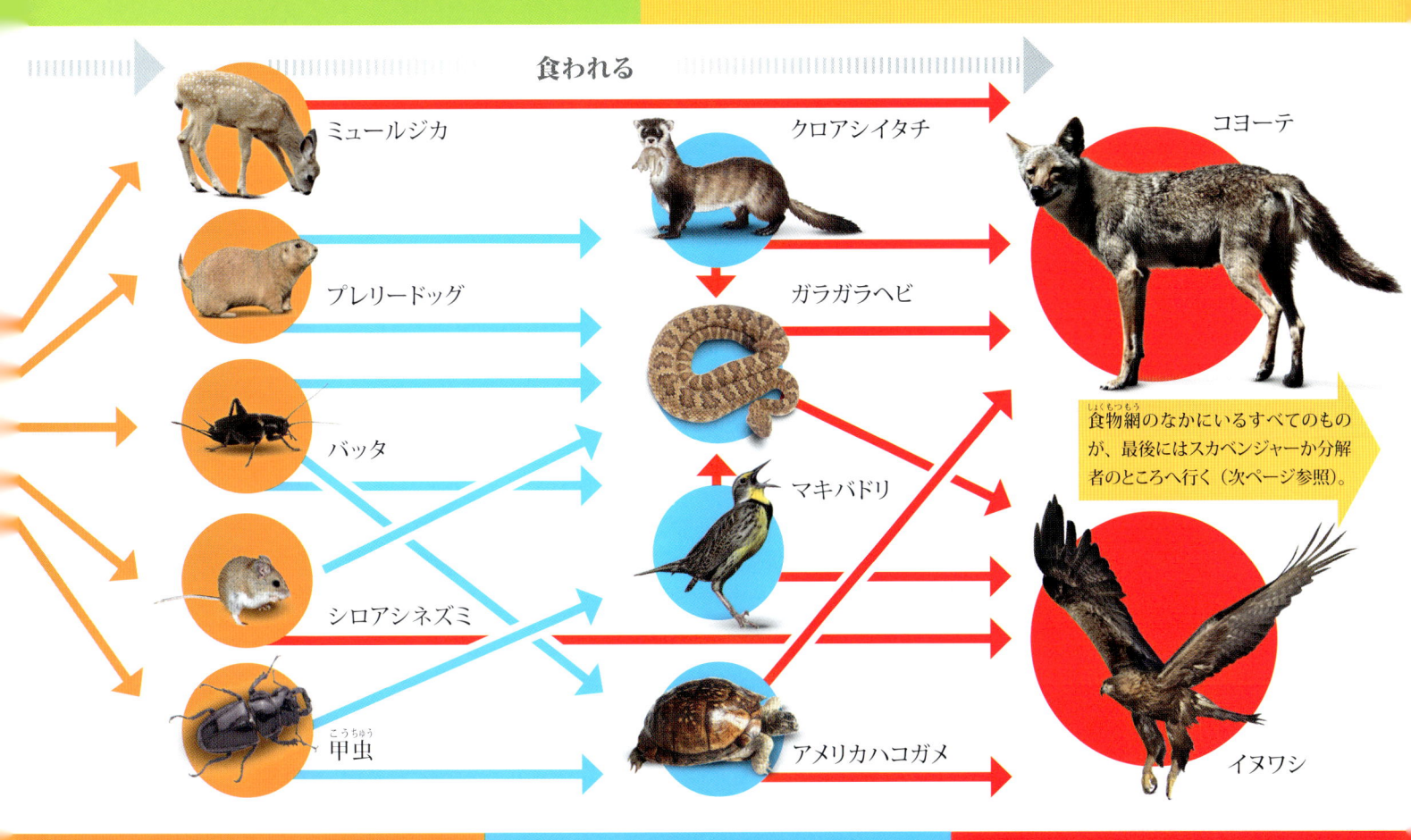

食われる

ミュールジカ　クロアシイタチ　コヨーテ
プレーリードッグ　ガラガラヘビ
バッタ　マキバドリ
シロアシネズミ
甲虫　アメリカハコガメ　イヌワシ

食物網のなかにいるすべてのものが、最後にはスカベンジャーか分解者のところへ行く（次ページ参照）。

第1次消費者は植物を食べる動物で、草食動物と呼ばれる。草食動物は、植生（その地域の植物の状態）を調節する役割を果たしている。

第2次消費者は、ほかの動物を食べる動物で、肉食動物と呼ばれる。そのほとんどが、草食動物を捕まえて食べるか、動物の死がいをあさって食べている。

第3次消費者は、食物連鎖の頂点に立つ。彼らは、草食動物やほかの肉食動物を食べる肉食動物だ。

ともに生きる

ぼくたち、お

毎日、ものすごい数の植物や動物が死んでいく。何十億年ものあいだ、生物が生きたり死んだりしてきたはずなのに、わたしたちはなぜ、死がいの山に囲まれていないのだろう？ その答えは、ほかの生物が

スカベンジャー

スカベンジャーとは、生きている動物を捕まえるより、動物の死がいや腐った肉を好む動物のことだ（ただし、たいていの肉食動物は死肉も食べる）。スカベンジャーは、その鋭いきゅう覚で、ときには非常に離れた場所から、動物の死がいを探し出す。鋭い歯やくちばしと、強いあごを持っていて、死がいを引き裂き、骨をかみくだくことができる。細かく切り裂くことで、昆虫やカラスなどもっと小さなスカベンジャーにも、分け前にありつく機会を与えている。

ミミズ

植物を食べるスカベンジャー

すべてのスカベンジャーが動物の死がいを食べるわけではない。ミミズは土といっしょに落ち葉を食べるし、シロアリは偵察隊を派遣して、植物片を巣へ持ちかえらせる。植物の細胞壁にあるセルロースは豊かなエネルギー源だが、多くの動物はこれを消化できない。植物を食べるスカベンジャーは、このセルロースを分解し、消化しきれなかった分を土のなかに排せつする。

カタツムリ

葉っぱはうまいなあ！

ハゲワシは、死肉あさりにみごとに適応した体を持っている。

すぐれた視力
上空から動物の死がいを見つけ出すのが得意。

はげ頭
羽毛がないので、死がいの血や内臓がこびりつかない。

長い首
死がいのなかに、深く頭を突っこむのに便利。

消化液
強力な消化液で腐った肉にいる細菌を殺す。

鋭いかぎ爪
死がいをしっかりつかんで、ばらばらに引き裂く。

シロエリハゲワシ

そうじ部隊

> ハエは、腐ったものに好んで卵を産みつける。

ぼくたちおそうじ部隊

死ぬことでくらしをたてている、ある生物が握っている。彼らは、自然のなかのおそうじ部隊。スカベンジャーや分解者と呼ばれるものたちだ。

分解者

分解者は、食物連鎖のなかでとても重要な役割を果たしている。死んだ植物や動物などの有機物を、植物が使うことのできる、炭素、窒素、酸素などから成る単純な無機物へと戻すからだ。そしてこれらの無機物は、空気、土、水へと返される。分解者が仕事に励んでいると、すぐにわかる。腐った食べ物のあの匂いや、後に残されるぬるぬるどろどろを作りだすのは彼らなのだ。

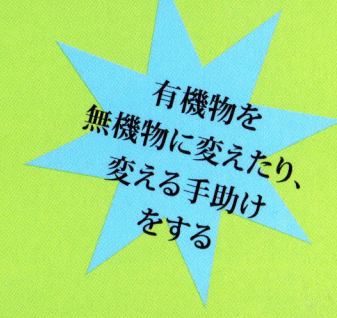

有機物を無機物に変えたり、変える手助けをする

菌類
菌類やカビは、自分で養分を作ることも、食べ物を捕まえることもできない。かわりに、死んだ植物や動物の上に育つ。菌糸という根のようなものをのばすと、それが酵素を分泌し、死んだ動植物を栄養分に変える。

カビ
カビは菌類の一種で、腐った食べ物の上にコロニーを作って育つ。食べ物の表面に、菌糸体と呼ばれる白い菌糸を網状に広げていく。また、灰色、緑色、茶色などの胞子を使って、生殖をおこなう。

昆虫
昆虫はとても重要な分解者だ。ハエやシデムシなどの昆虫は、動物の死がいを食べたり、死がいに卵を産みつける。卵から孵った幼虫はそれをエサにして育つ。

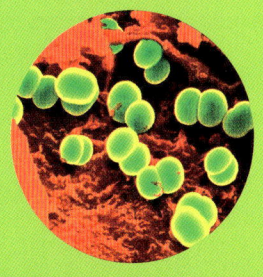

細菌（バクテリア）
細菌は、いたるところにいるが、土の表面近くは特に多く、落ち葉や動物の死体などをどんどん分解する。物質の最終的な分解をおこなうのは、彼ら細菌の役割だ。

ウンチの処理は……？

小さな仕事こそ大切!

片づける必要があるのは、死がいだけではない。動物は食べたものを全部は消化できないので、未消化分を自分の体の老廃物と一緒に排せつしなければならない。幸いなことに、ほかの動物のウンチをごちそうにしている生物が存在する。そのおかげでわたしたちは、膝までウンチにつかるなどという目にあわずにすんでいるのだ。実のところ、分解者たちは動物のフンに大喜び。なぜなら、フンはすでに一部が分解されていて、しかも大切な栄養分をたっぷり含んでいるからだ。

フン虫の昼ごはん
コガネムシの仲間にフン虫と呼ばれるグループがある。フン虫は動物のフンを食べたり、地下に運びこんで卵を産んだりする。フンを切り出して球にして巣に運ぶ、フンコロガシと呼ばれるフン虫もいる。

下水から肥料へ
下水処理場では、細菌が人間の排せつ物を好む性質が利用されている。細菌を使って、下水をきれいな水と畑にまく肥料に変えることができるのだ。

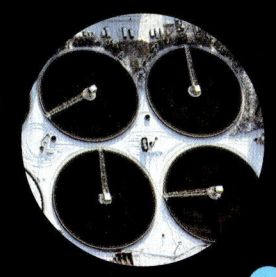

ともに生きる

バランスを保つ

生態系に破壊的な影響を与えるものが2つある。それは、自然現象と人間の活動だ。自然現象とは、たとえば火山の噴火、洪水、気候変動などで、これらは、生物の生息地に大きな変化をもたらし、ときには破壊する。そこにすんでいた生物は、新しいすみかを探す羽目に陥るか、さもなければ逃げられずに死んでしまうだろう。異常な自然現象は、たいてい生態系全体に壊滅的な被害を与えるが、一方で、新しくさまざまな種が入ってくる可能性を生み出す。

火山の噴火

自然の災害

ハリケーン

生態系のかなめとなる種

生態系は、あまり重要でない種がひとつふたつ消えても、うまく対応できる。しかし、数は少なくても生態系の存続に欠かすことのできない種もある。このような種をキーストーン種という。キーストーン種は、小さめの捕食者であることが多く、彼らがエサとする草食動物は、その環境のなかの中心となる植物を食べる。この捕食者がいなくなると、草食動物の数が増えすぎて、ほかの種が追い出されてしまう。

かつて、アメリカのカリフォルニア沿岸近くにはラッコがたくさんいたが、毛皮のために乱獲され、絶滅寸前まで追いこまれた。ラッコが激減したことで、ラッコの好物であるウニの数が爆発的に増えた。ウニはケルプという大型の海藻を食べる。ケルプは魚の隠れ場所であり、ほかの草食動物のエサにもなっていた。そのケルプが消えていくにつれ、生態系全体がくずれ始めた。

バランスを保つ

生態系のなかでは、生物とその生息地とが複雑に混ざり合っている。また、ジグソーパズルのピースのように、さまざまな種がおたがいに影響を与え合っている。ふつう生態系には、すべての種を支えていくのに十分な資源があるが、何か変化が起きると、生態系全体のバランスがくずれる可能性がある。

破滅的な自然災害は、ごくまれに、それも突然起こるものだ。しかし、人間の活動が自然に与える影響は、長く続き、しかももっと破壊的であることが多い。

わたしたち人間は、自分たちの必要に応じてどんどん土地を占領し、そこにあった生息地を破壊している。陸地だけでなく、海もまた、もはや生物にとって安全な場所ではなくなっている。

人間の介入

森林伐採

環境を形作る

環境を形作り、それを保つのに、とても重要な役割を果たす種がいる。プレーリードッグは土のなかに巣穴を掘るが、アナホリフクロウやクロアシイタチなど、この穴を自分のすみかとして利用する動物は多い。また、トンネルが掘られることで、土壌が細かく砕かれ、雨水が貯まる。さらに、プレーリードッグは、しのび寄る捕食者をすぐ見つけられるように、巣穴周辺の草を短く刈りこんでいる。

プレーリードッグは、自然環境のなかで有益な動物だ。しかし、彼らの掘るトンネルが人間にきらわれ、駆除の対象となったため、アメリカでは、ほぼ姿を消してしまった地域もある。その結果、プレーリードッグを主食とするクロアシイタチも絶滅寸前まで追いこまれた。現在は、繁殖計画が実施され、クロアシイタチの数は増えつつある。

57

生き残りへの道

生きていくのは楽なことではない。生物は、食べ物や配偶者やすみかを見つけ、自分の子孫が、確実に生き延びられるようにしなければならない。

そのためには、ほかの種と戦ったり、協力したり、問題をうまくやりすごす必要もあるだろう。また、ライバルたちよりも、見た目をよくしたり、強そうに見せたり、武器を発達させたり……、変装して相手をだましたりすることもあるかもしれない。

とにかく、戦略と戦術が、自分の種が生き残るためのカギとなるのだ。

生き残りへの道

いとしのわが家

ハクトウワシ

眺めのいい家

鳥は、卵を産むために巣を作る。巣には、小枝を数本かき集めたような簡単なものから、精巧に編まれた構造物まで、さまざまなものがある。一番小さいのはハチドリの巣で、クルミの殻の半分ぐらいの大きさしかない。一番大きいのはハクトウワシの巣で、毎年、新しい小枝を加えていくので、最後には1トン以上の重さになる。アフリカにくらすシャカイハタオリの巣は、まるで巨大なアパートのように300羽もすむことができる。

カスタムメイドのアパート

シロアリやハチのような社会性昆虫は、大きなコロニー（家族）を作ってくらすことが多い。泥とだ液をまぜて、巨大な建造物を作るシロアリもいる。シロアリの巣には、たくさんの部屋と、煙突を通して、なかの空気を換気する仕組みまである。ミツバチやスズメバチは、ロウ、泥、または木をかみくだいた切れはしで、木のうろなどに巣を作る。そのなかに、卵を入れる何千という六角形の小部屋を作るのだ。熱帯では大きな木の葉のうらに巣を作るハチもいる。

暖かい空気は煙突を通って外に出る

工事中

シロアリの塚

食用キノコの栽培室 ／ 女王の部屋 ／ 卵の保育室

地下のトンネル住居

地面に掘られた穴は、悪天候のときには、動物にとって格好の避難場所だが、こうした巣穴にすみ、子どもを産む動物もいる。彼らは、食べ物と配偶者を探すときだけ、巣から出てくる。なかには、モグラやミミズのように、生涯を地下で過ごすものもいる。穴を掘らない動物が、空き家になったほかの動物の巣穴を利用することもある。

60 オランウータンやサルは、毎晩、木の葉や枝で

いとしのわが家

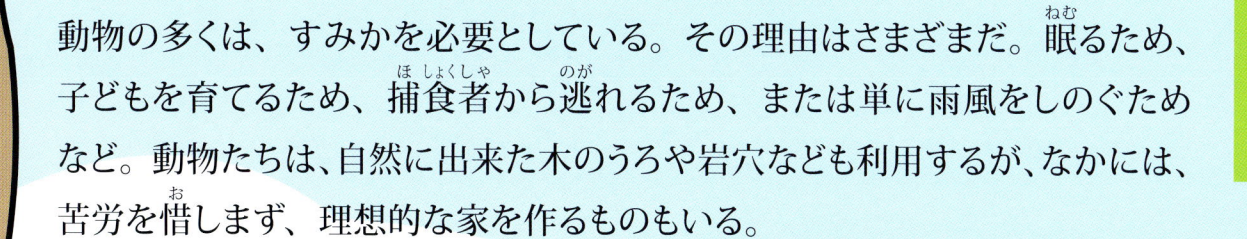

動物の多くは、すみかを必要としている。その理由はさまざまだ。眠るため、子どもを育てるため、捕食者から逃れるため、または単に雨風をしのぐためなど。動物たちは、自然に出来た木のうろや岩穴なども利用するが、なかには、苦労を惜しまず、理想的な家を作るものもいる。

> おい、建て増しはうまくいってるかい？

サイチョウ

高層階のねぐら

木の幹の高いところにある穴は、子どもを育てるには絶好の場所だ。鳥や、木に登る動物にとっては、理想的な家となる。しかし、ヘビが獲物を求めて登ってくることもあるので、つねに安全というわけではない。こうした木の穴は、幹の一部が腐って自然にできることもあるし、キツツキなどの鳥がつついてできることもある。木の根元の穴は、クマが雨風をよけたり、子どもを産んだりする巣穴として使われる。空洞の丸太も、小さな動物やさまざまな昆虫のすみかとなっている。

風変わりな家

シロヘラコウモリは、バナナなど大きな葉の葉脈をかんでぶら下がり、葉をテントのように体にかぶせて、くらしている。

メスのホッキョクグマは、極寒の冬になると雪のなかに巣穴を掘り、安全な場所で子どもを産み育てる。

トタテグモは、地面に巣穴を掘り、入り口に跳ね上げ式の扉をつける。夜になると戸の下で待ちぶせ、昆虫が通ると戸を開けて捕まえ、すぐまた閉める。

人里離れた一軒家

ほら穴は、動物が雨風をしのぐのに、最適の場所だ。クマはほら穴で冬眠をし、トラは暑さをしのぐために、ほら穴を使っている。魚は、地下のほら穴や岩の割れ目にすべりこんで、捕食者から身をかくしたり、獲物が来るのをじっと待ったりする。海の動物のなかにも、ほら穴を産卵や子育てに利用しているものがいる。コウモリは、暗いほら穴のなかで日光を避け、夜のあいだだけ、エサを取りに外へ出てくる。

> 空き家だと思ったのに〜！

小さな寝床を作る。

生き残りへの道

自分の領域を守る

警告のサイン
戦いにともなうリスクは、動物にとって痛手になりかねない。そこでほとんどの動物は、まず敵に警告して追いはらおうと、さまざまな戦術をこころみる。

なぜ戦うの？
動物が戦う理由はたくさんある。縄張りを守るため、エサの分け前にありつくため、配偶者に近づくため、子どもを守るためなど、さまざまだ。戦うことは危険で、ケガや死に至ることさえある。でも、戦いには、進化上のメリットもある。それは、もっとも強いものが生き残り、その遺伝子を次世代へ伝えていくということだ。

鳴き声で警告する
縄張りを知らせるのによく使われるのは、鳴き声だ。鳥は、お気に入りの枝に止まって、騒がしい大きな声で鳴き、自分の領域に近づかないよう、ほかの鳥に知らせる。熱帯雨林では、サルやテナガザルの群れが、近くにいるほかの群れに向かって、とどろくような声でほえ、自分たちの木から離れていろ、と警告している。

こっちに来るな！

ホエザル

なんだ、このにおい？
においづけ（マーキング）も、動物が自分の存在を知らせるための、もうひとつの方法だ。多くの動物は、強いにおいを出す腺を体に持っていて、樹木やしげみに体をこすりつけて、においづけをする。尿やフンも、縄張りの境界をしるすために使われる。においは、同種の個体に対しても、異種の個体に対しても警告の役目を果たす。

もわ～ん…

いざ出陣
それでも、どうしても敵と対戦せざるをえない局面がある。そういう場合でも、死ぬまで戦うことはめったにない。おそらく対戦者たちは、何度かためしに攻撃をしかけて、おたがいの力を推し測る。ほとんどの場合、戦いには、かみついたり、キックしたり、取っ組み合ったりするといった行為がともなう。戦いが終わるのは、弱い方の動物が、勝ち目がないとさとり、敗北をみとめる合図を出したときだ。

自分の領域を守る

戦うことは、野生動物の生活の重要な一部だ。彼らは、ただケンカが好きで争っているわけではない。自分や子どもたちの生き残りをかけて、戦っているのだ。

立ち入り禁止

もしライバルが、自分たちの領域に迷いこんできても、できるだけ戦いは避けたほうがいい。だから、敵をおどして追いはらう術を、いくつか身につけておくと役に立つ。

立ち上がって大きく見せる

自分を相手より大きく見せるのは、効果のある戦術だ。後ろ足で立ち上がると背が高く見え、胸を開いて横を向けば上半身の幅が広く見える。もし、カニやサソリのように巨大なハサミをふりまわすことができるなら、ますます結構だ。

ツキノワグマ

体をふくらませる

体をプーッとふくらませるのも、自分を相手より大きく見せる方法のひとつだ。鳥は、羽毛をふくらませたり、翼を大きく広げたりする。カメレオンやハ虫類のなかには、体に空気を入れてふくらませるものもいる。ゾウは、両耳を広げ、ラッパのような大きな声を出す。

エリマキトカゲ

つばを飛ばす

つばを飛ばされても、さほど危険はないが、不愉快きわまりない。ラマは、かみかけの食べ物を的に命中させる名人である。フルマカモメという海鳥は、それよりひどくて、胃のなかのくさい内容物を吹きかける。もっとも悪質なのはコブラで、敵の目めがけて、毒を命中させる。

ラマ

歯を見せる

歯をむき出したり、うなったり、シューという音を立てるのも、相手に意思を伝える別の方法だ。イヌやネコは、よくこの戦術を使う。クロコダイルは、両あごを大きく開いて、その恐ろしい歯を披露する。鳥もくちばしを大きくあける。または、アオジタトカゲのように、ただ舌をつき出しても効果的だ。

クロコダイル

バシッ！
ボコッ！
ビシッ！

生き残りへの道

群れでくらす

きみは、群れでくらす動物を見たことがあるだろうか。ヌーやガンや魚の群れに見られるように、仲間どうしかたまって過ごす種は少なくない。ときには、仲間が増えすぎて過密状態になることもあるが、群れに加わることには、いくつかのメリットがある。

群れの構成

群れの構成は、種によって異なる。さまざまな年齢(ねんれい)のオスとメスが交ざっている群れや、同じぐらいの年齢層だけの群れ、オスかメスどちらかだけの群れもある。たいていの場合、若い個体は自分の群れを出て、ほかの群れに加わるか、さもなければ新しく群れを作る。しかしゾウのメスは、一生同じ群れにとどまり、知識や経験を次世代に伝えていく。

みんなといれば安全

ヌーが単独で行動するのは、危険が大きすぎる。たちまち、エサを探しているライオンの標的になってしまうだろう。しかし、99頭のほかのヌーの群れにまぎれこめば、標的にされる確率は100%から1％に下がる。さらに、自分以外にも99組の目が、敵を警戒(けいかい)し、草食に適した場所を探してくれている。マイナス面は、食べ物が十分になく、つねに移動を続けなければならないことだ。

ぼくがナンバーワン！

彼女(かのじょ)、おそいわね

ヌーの群れ

群れ同士の争い

縄張(なわば)りやエサを取り合うために敵と戦うことになったら、味方の戦士の数は多ければ多いほどいい。何千匹(ひき)もいるトビイロシワアリの群れは、縄張りの拡大をかけて、かみついたり、取っ組みあったりと、1度に何時間もライバルと戦う。殺されるアリは少ないが、一方のグループが勝利をおさめて、縄張り宣言をするまで、何週間もこぜりあいが続くことがある。

アリの群れ

群れでくらす

子育てヘルパー

両親が子どもの面倒を見るのは当然のことだが、時には同じ群れの仲間が、子どもにエサをやったり、世話をしたりすることがある。拡大家族の集団では、優位な繁殖ペアが決まっていて、彼らしか子どもを産めないということがよくある。若い個体は、きょうだいの世話をすることで、両親が獲物をとりに行っているあいだ、赤ん坊の安全を守る手伝いをする。また弟や妹たちに、サバイバルに欠かせない技術を教える。

なんでおれ、いつも子守りさせられるんだ？

チンパンジーの共同体

群れで狩りをする

群れになって狩りをすれば、単独では倒すのが難しい獲物も捕らえることができる。狩りをするときは、慎重に連係プレーが展開され、それぞれの動物が、獲物にしのび寄ったり、追いつめたりという役割をこなす。しかし、ひとたび獲物が捕らえられると、階級がものをいい、群れのリーダーが、死がいの一番おいしい部分を取ることになっている。

いたわりと分かち合い

群れの一員であれば、いつもだれかがそばにいて、自分では届かない場所にいるやっかいな寄生虫を取ってくれたり、寒い夜に身を寄せて暖め合ったりしてくれる。だが、おたがいの距離が近いと、寄生虫や病気が、あっという間に広まりやすいという難点もある。メリットは、巣を作るときに、大勢の手（前足）があれば、それだけ仕事が楽になることだ。

リカオン

ミーアキャットの群れ

みなさんついていらっしゃい

つつきの順位

群れのなかの動物は全員が平等というわけではない。ほとんどのコミュニティでは、何匹かの優位な個体がいて、食べ物・すみか・配偶者を真っ先に手に入れる。ニワトリの場合、群れ全体で順位が決まっていて、上のものが下のものをつついても、その反対はない。これを「つつきの順位」という。順位が下のほうの動物は、頼んで分けてもらったり、盗んだり、こそこそ持ち逃げしたもので間に合わせなければならない。

ニワトリの群れ

65

コロニーの生活

生き残りへの道

大きな集団でくらすことにはメリットがある。しかし何千、ときには数百万もの、同じ種の仲間と生活するとなると、特別なルールが必要になる。昆虫の種の多くは、生き残りのために、ともにくらし、働いている。コロニーの生活を紹介しよう。

ほとんどのコロニーは、同じような社会構造を持っている。その頂点にいるのは、ふつう女王と呼ばれるメスだ。その下の階級のほとんどはワーカー（働き手）と兵隊で、すべてメスである。コロニーのメンバーは、たいてい近い血縁関係にある。女王だけが子孫を残し、ワーカーには繁殖能力がない。コロニーのなかには、女王と交尾するためのオスが少数いる。

アリのコロニーのなかには、何百年も続いているものもあるよ

超個体

コロニーで1年じゅういっしょにくらす動物は、高度に組織化されており、厳しい階級制を持っている。大きな生物の体のなかのひとつひとつの細胞のような働きをする。このような生活を送る動物を、「真社会性の生物」という。コロニー全体がひとつの「超個体」として機能するためには、確かな利点がある。各個体が役割を分担し、コロニー全体がひとつの家系を作る。敵を撃退する、配偶者を見つけるといった、生活上の責任を分担することによって、コロニーは大きくなり、何十年も存続することができるのだ。

ハキリアリのコロニー

ハキリアリは、驚くほど大きなコロニーを作り、その個体数は何百万匹にもおよぶことがある。各コロニーには、長命の女王アリがいて、それぞれまるランクがあり、それぞれに仕えるメスの働きアリが、女王の子どもを育てている。働きアリには、さまざまなランクがあり、それぞれ特定の役割を担っている。たとえば、偵察隊が持ち帰った葉を細かく切り刻む、刻んだ葉の上で菌類を栽培する、それを幼虫に食べさせるなどの係がある。兵隊アリの一団が警護する、働きアリより大きく、侵入者をかみ切れるほどの丈夫なあごを両方に持っている。

コロニーの生活

女王バチ

ミツバチのコロニーでは、女王バチが、さまざまなオスと交尾して、たくさんの種類の遺伝子が確実に混ざり合うようになっている。女王バチは、数年間にわたって、毎日2,000個の卵を産みつづけるが、それは女王自身の体重よりも重い。卵のなかには、受精してメスの働きバチになるものと、受精せずにオスバチになるものがある。

若い働きバチは、巣のそうじや、幼虫の世話をする。

ロイヤルゼリーだけを与えられて育った幼虫は、女王バチになる。

女王バチは、何もかも世話をやいてくれる働きバチに囲まれている。

働きバチは、「尻ふりダンス」をして、食べ物がどこにあるかを、仲間に伝える。

日齢の進んだ働きバチは、花粉や蜜を集めに出かける。

デバネズミ

こうしたコロニーでくらす唯一の脊椎動物は、2種のデバネズミだ。彼らのコロニーは、昆虫のものほど大きくなく、オスとメスの数も同数に近い。デバネズミの体の大きさはさまざまで、一番小さい個体が、ほとんどの重労働をしている。完全に成長すると、もう重労働はせず、巣の警備を担当し、必要とあれば命をかけて巣を守る。

成長して大きくなるにつれ、あまり働かなくなり、中央の部屋でのんびり過ごす。

女王だけが子どもを産むが、子どもの世話は働きネズミにまかせる。女王は、ほとんどの時間、穴堀りやトンネルをパトロールして、働きネズミを監督する。

一番小さいネズミが、もっともよく働き、穴堀りやトンネルのそうじをする。

任事は流れ作業で、1匹が穴を掘り、あとの数匹が土を後ろにけって外に出す。

フー、重労働だよ～!
早く大きくなって休みたい!

67

生き残りへの道

子孫を残

無性生殖

子孫を増やす方法は、有性生殖だけではない。ヒメイソギンチャクや扁形動物などは、自分自身が2つに分裂して、新しい個体を作る。

最初の個体
新しい個体
分裂しはじめる

分裂して増えるイソギンチャク

ヒドラ（小さな淡水生物）や、イソギンチャクのなかには、出芽という方法で増えるものがある。出芽では、体の一部に小さな芽ができ、その芽が成長して、やがて独立する。

ヒドラの出芽

アブラムシのように、単為生殖という増え方をする生物もいる。単為生殖では、卵子が、精子による受精を必要とせずに、発生を始める。生まれてくる子供はすべてメスで、親とまったく同じ遺伝子を持ち、クローンと呼ばれる。これは、環境条件がよく、余分の子どもを育てられるときに、個体数を手早く増やすのに有効な方法である。以前は、コモドオオトカゲのメスも、この方法で増えると考えられていた。しかし最近の研究によると、実際には、オスとの交尾のあとに何か月も精子を蓄えているのだという。

コモドオオトカゲ

大きくなったら、ママとそっくり同じになりたい！

適応とサバイバル

生き残るための最大の課題のひとつは、各世代が確実に、環境条件の変化に対応していけるようにすることだ。そのために動物たちは、両親とも、きょうだいとも異なる子どもを、できるだけ多く作り出す必要がある。そうすれば、時間の経過とともに、新しい特性が現れる可能性があるからだ。動物は、有性生殖によって子どもを産み出すが、そのとき卵子と精子と呼ばれる特別な細胞が受精して、オスとメスのDNAが混ぜ合わさる（15ページ参照）。これにより、さまざまな組み合わせのDNAが子どもたちに伝わり、環境が変化しても、その集団が生き延びる可能性が高まるのだ。

配偶者さがし

1年を通じて、自分たちの種の大きな集団のなかで生活している動物ならば、配偶者を見つけるのは難しくない。だが、単独生活をする動物や、移動できない生物は、子孫を残すために別の方法を見つけなければならない。

自分を売りこむ——動物は、鳴き声や、においづけ、視覚的なディスプレー（誇示）などで、異性に対して自分を宣伝する。だが、同時に敵や寄生虫の注意もひきつけてしまうという難点もある。

レックに集まる——動物版お見合いパーティのようなものだ。キバシオオライチョウやレイヨウの一種などは、繁殖期になると決まった場所（レック）に集まる。ここでオスは、求愛のダンスを披露するためのベスト・スポットを取り合って争う。メスはそれを見ながら、オスの外見や能力を品定めして、結婚相手を決める。

生涯の伴りょを見つける——単独生活をする動物のなかには、アホウドリやハクチョウのように、一生を同じ伴りょと連れそうものも多い。1年の大半は別々に過ごしていても、繁殖期になると再び出会って交尾をするのだ。このようなペアは、年を重ねるにつれ、子育てがじょうずになる。

すために

動物が有益な遺伝子を子孫に伝えるためには、生殖できる年齢まで生き延びなければならない。生殖がうまくいけば、より環境に適応した個体が生まれる。生殖はふつう、配偶者さがしや、子どもがひとり立ちするまでの子育てもともなう。だがすべての動物がこうした方法をとるわけではない。

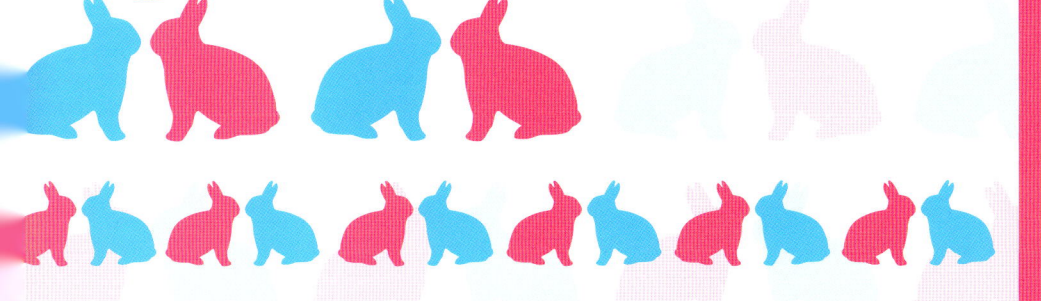

ウサギは、早く成熟し、すぐに繁殖して、短期間でその生活史を終える。

- **一人二役**——ナメクジ、カタツムリ、二枚貝、カイガラムシなどの動物は、卵子と精子の両方を作ることができる。こうした生物を雌雄同体という。配偶者が見つからない場合には、自家受精することができるわけだが、これはたいてい最後の手段である。

- **性転換**——生涯のある時期に、または集団の存続がおびやかされる状況に陥ったときに、性別を変える動物もいる。おもに魚類、カエル、そのほかの雌雄同体の動物に見られる。

- **一斉産卵**——サンゴ礁を形成するサンゴ類は、生殖活動を同時におこなう。つまり隣どうしのコロニーが、一斉に卵子と精子を海のなかに放出するのだ。卵子と精子は、潮流にかき混ぜられて受精し、潮流に乗って遠くへ運ばれ、新しいコロニーを形成する。魚にも一斉産卵をする種があり、広い浅瀬に集まって、卵子と精子を一斉に放出する。

子育て

出産や産卵について、動物は2つの戦略を持っている。つまり、たくさん産むか、少しだけ産むかのどちらかだ。子育てをしない動物は、多くの子を産む傾向にある。それは、繁殖する年齢まで生き延びる確率が低いという事実を、計算に入れているからだ。

メスのカエルは、卵塊と呼ばれるゼリー状のかたまりのなかに、大量の卵を産む。卵はオスのカエルによって授精され、オタマジャクシになり、うまく生き延びれば、カエルに変態する。

999個……何匹かは、生き延びてね

カエルと卵

動物が子育てに費やす時間は、子どもがどれだけ早くひとり立ちするかによって決まる。人間やゾウのように、脳の発達した社会性のある動物は、一度に1人（1頭）だけ出産する傾向にある。それは赤ん坊が成長して経験を積むまでに時間がかかるからだ。

ヒト

生き残りへの道

生き残りをかけた

動物たちは、くすんだ色、模様入り、虹の7色など、実にさまざまな色をしている。動物がこんなにさまざまな色や柄を進化させてきたのには、多くの理由があるが……

……その最終目的はただひとつ、種の存続だ。

群れのチームカラー

体の色は、動物が同じ種の仲間を見分けるのに役立つ。すべての動物に色が見えるわけではなく、明暗のパターンしか見分けられない動物もいる。その一方で、可視光の一部またはすべてが見える動物や、ときには赤外線や紫外線まで見える動物もいる。色覚がすぐれている動物は、自分自身もカラフルなことが多い。

> ぼくが見えるでしょ……

> でも今度は見えない！

> わたしの目はグレーの濃淡しか区別できないの

まわりにとけこむ

まわりの背景にとけこむ能力は、まぎれもない強みだ。捕食者にとっては、見つからずに獲物に近づければ、食事にありつく可能性が高くなる。獲物となる動物にとっては、見つけられにくければ、それだけ標的にならないですむということだ。

はん点やしま模様は、森や丈の高い草むらにすむ動物たちが、自分たちの輪郭をぼかすのに役立っている。

身を隠す最良の方法のひとつは、ほかのものの姿をまねることだ。

| 小枝 それとも… | ナナフシ | …葉っぱ それとも… | コノハムシ | …トゲ それとも… | ツノゼミ |

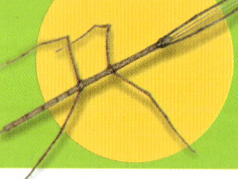

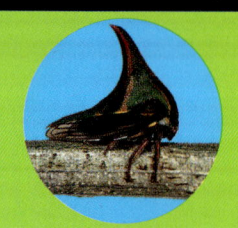

ほかのものに似せて変装することを、「擬態」という。多くの動物が、枯れ葉や小枝、海草、ときには鳥のフンなどと似た姿になるように進化してきた。捕食者たちはまんまとだまされ、それが自分たちの探しているものではないとか、避けるべきものだと思いこんでしまう。鳥がハナアブを食べないのは、スズメバチに似ているからだ。一方、ハナカマキリは、隠れるためだけでなく、獲物の昆虫をおびきよせるために、自分の容姿を利用している。植物にも擬態はある。ハナバチ

生き残りをかけた「よそおい」

「よそおい」

注目！ でもさわると危険！

もしきみが、目立ちたくなかったら、茶色やグレーなど、くすんだ色をまとうのがベストだ。でも注意をひきたいのなら、色は明るければ明るいほどいい。毒のある種やひどい味のする種は、警告のサインとして目立つ色（警告色）をしている。赤・白・黄色・黒などのあざやかな色は、たいてい「そばに寄るな！」という合図なのだ。

注意をそらす

模様は、注意をそらすのにも使われている。チョウやサンゴ礁にすむ魚のなかには、羽や尾に、目玉のような円形模様を持つものがある。捕食者が大きな目玉に驚いたり、そこを頭だと思いこんで攻撃しているすきに、その動物は大した被害もこうむらずに逃げ出すことができる。

体の色を変える「保護色」

体の色を変えて身を守る動物もいる。ホッキョクウサギ（写真）は、夏と冬で衣替えをする。くすんだグレーの夏の毛は、冬になると真っ白な毛に生え変わり、雪にまぎれこむことができるのだ。ほかに、カメレオンやイカは、思うがままに色を変えることができ、体色で、そのときの気分や、求愛中かどうかを表す。また、トカゲの多くは、体色を変えることで熱の吸収や放出をおこなう。

夏 　　冬

下にいるのは、変装の名人たちだ。

…花　それとも…　　ハナカマキリ
…ハチ　それとも…　ハナバチラン

ランは、メスのハナバチによく似た花をつけて、オスのハナバチをひきよせる。オスバチは、「メス」と交尾をしようと抱きつき、結果的に花を授粉させる。

ハナアブ

華麗なよそおい

敵を避けるためだけでなく、繁殖相手をひきつけるために色を活用している種も多い。たいてい、華やかなのはオスのほうで、メスは地味な色をしている。

メスのクジャク　　オスのクジャク

一番重要な目的はメスをひきつけることだから、色は明るければ明るいほどいい。もっとも強く健康なオスほど、もっとも羽の色がきれいで、見せ方もうまい傾向があるため、そういうオスは、より多くのメスをひきつけることができる。メスのクジャクは、羽や尾により多くの「目玉」を持つオスにひかれる。

体や羽の色のほかにも、このアカシカの大きな枝角のような、見事なシンボルで、メスをひきつけるオスもいる。

オスのアカシカ

生き残りへの道

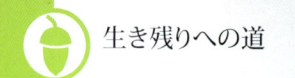

生き物たちのひみつ兵器

必殺のひとかみ

毒は、敵に襲われたときには究極の防衛手段となるが、たいていは、獲物を殺したり、おとなしくさせたりするために使われる。クモやヘビは、かみついて毒を注入する。毒ヘビの牙は管状になっていて、上あごにある毒腺からその牙を通して、相手に毒を流しこむ。

ガラガラヘビ

> 毒針のおかげで、腹をすかせた天敵から身を守れるし、獲物を殺すこともできるのさ。

サソリ

スズメバチ

ショックで撃退

デンキウナギ

魚のなかには、ショック戦術で、獲物を気絶させたり、捕食者を追いはらったりするものもいる。シビレエイ、ミシマオコゼ、デンキウナギは、電気を起こす細胞を持っている。ふつうは、周囲のようすを探るために電気を使っているが、高電圧を放って相手を殺すこともある。デンキウナギは、650ボルト・1アンペアもの電気を発生させることができる。

イスタッ！

ヤマアラシ

ミノカサゴ

食べたら危険な獲物

ウミウシ

無脊椎動物、ハ虫類、両生類の多くは、体の腺や皮ふから、ひどい味のする、時には有毒な物質を分泌する。こうした生物は、あざやかな色彩をしていることが多い。これは警告色と呼ばれ、「食べたら危険だぞ」と捕食者に警告している。ヤドクガエルなどのカエルや鳥のなかには、有毒な甲虫を食べることによって毒を「借りてくる」ものもいる。

ハサミを用意

テッポウエビ

相手を八つ裂きにできる鋭いハサミには、敵を寄せつけない効果がある。ロブスター、サソリ、カニの大きなハサミは、開閉式のかぎづめで、ものすごい力でパチンと閉じることができる。テッポウエビの特大のハサミは、超スピードで閉じて、泡とともに大きな破裂音を出す。音から発生する衝撃波は、敵や獲物を気絶させるほどの威力を持っている。

オイ、近づくなよ――おれたち、あぶないんだぜ！

生き物たちのひみつ兵器

どんな動物や植物も、ほかの生物のえじきになる可能性がある。だが多くの種は、ただ恐ろしい運命に身をゆだねたりせずに、捕食者を撃退するためのさまざまな武器を発達させてきた。こうした驚くほど物騒な、トゲや針、毒などの武器は、獲物を捕るためにも使われる。

ゴケグモ

用心しなさい！
小さいけれど
猛毒よ！

いろいろな武器

しっぽにある針

毒を注入するのには、毒針も使われる。毒針は、おもにハナバチ、カリバチなどの昆虫や、サソリの尾にあって、大きい動物を威かくするときや、エサにする小さな動物を殺すのに使われる。クラゲなど体のやわらかい水生動物も、毒針をひそませた触手を使って小魚を捕る。

タランチュラは、腹部に生えた体毛を相手に飛ばす。体毛には逆トゲがあり、素肌につくと炎症を起こす。

ミヤマオコゼ

シビレエイ

チクチクする武器

大きな針やトゲは、襲ってきた相手を思いとどまらせるのに効果的だ。ヤマアラシやハリネズミの体は、中空の固いトゲにおおわれていて、敵におびやかされると、トゲを逆立てて威かくする。ミノカサゴやハチミシマのような魚のトゲには強い毒がある。

スカンクやスカンクアナグマは、尾のつけ根にある腺から、強烈な臭いのする分泌液を噴射する。4メートル先にいる敵にも、正確に命中させられるという。

タイスアゲハ

見た目ほど
おいしくないのよ！

キンチャクガニは、毒針を持つ小さなイソギンチャクを、左右のハサミにはさんでくらし、敵が来るとイソギンチャクを振り回して威かくする。

カニ

テキサスツノトカゲは、目じりにある腺から血液を噴射する。血のなかには、いやな味のする成分が含まれていて、襲ってきた相手を撃退する。

73

生き残りへの道

やりたいほうだい

世の中には、ほかの生物を好き勝手に利用せずにはいられない生物がいる。こうした悪事は、たいていはうまくいくが、時には思わぬしっぺ返しを受けることもある。

被害にあった6人が、自分たちが標的にされたショッ

「こんなものがすんでいたとはつゆ知らず、なんだかやけにお腹がすくなと思っていました。」
被害者 ウシ
犯人 サナダムシ

「ほんの数時間出かけただけなのに、帰ってきたら、アイツがちゃっかりすみついてて、出て行かないんです。」
被害者 アナホリガメ
犯人 アナホリフクロウ

「あのペンギン、わたしの口のなかから食べ物を盗んだのよ。しかも白昼堂々と！」
被害者 ペリカン
犯人 ガラパゴスペンギン

寄生生物

寄生生物は、ほかの種の体内や体表に寄生して生きる植物や動物のことだ。彼らは、自分で手に入れたり作ったりできない栄養素を、宿主から直接、吸収している。ひとつの種だけに寄生する生物もいれば、卵・幼虫・成体へと成長する過程で宿主を変えるという、複雑な生き方をする寄生生物もいる。サナダムシは、動物の消化管のなかにすみ、消化されかけた食べ物を食べている。サナダムシは人間にも寄生する。

不法居住者

理想的な家を建てるのは、ものすごく骨のおれる仕事だ。だからもし、すぐにすめる家が見つけられたら、願ってもない。ツチブタやプレーリードッグなどの穴を掘る動物たちは、何日もかけて地下にトンネルの巣穴を掘る。だが少しでも巣を留守にすると、すきをねらう動物がしのびこんで、乗っ取ってしまうかもしれない。アナホリフクロウは、自分で穴を掘る能力を持つにもかかわらず、チャンスがあればアナホリガメの巣穴を利用する。

どろぼう・強盗

だれかの食べ物を横取りできるのなら、なにも苦労して探すことはない。動物の多くは、自分の体格や体力、または悪知恵を利用して、ほかの動物の食べ物を取り上げる。同じ種の仲間から奪うものさえいる。ガラパゴスペンギンはよく、ペリカンを追いかけて、くちばしを開かせ、エサを横取りすることがある。自分で魚を捕まえるより楽だからだ。ただし、相手が抵抗したら、ケガをする危険もある。

自分の生活を支えるのに必要な重労働を、すべてほかの種にまかせてしまうというのも、りっぱな生き残り戦略だ。成功の秘密は、やりすぎないこと。

犯人 ヤドリギ
被害者 木

植物もこんなことを……。ヤドリギは、ほかの木の上に生活する寄生植物だ。樹皮の割れ目からもぐりこんで木部を貫通する特殊な根を持ち、水や栄養素を自分の茎にとりこむことができる。

キングな犯罪について証言します。

乗っ取られたみたいでした。マインドコントロールされて。ああ、もうだめ！

被害者 イモムシ
犯人 コマユバチ

友だちだと思っていたら、急に襲いかかってきて、ぼくを奴隷にしたんだ！

被害者 アリ
犯人 奴隷狩りをするアリ

ポリ、ポリ、ポリ。あー、かゆくてたまらん！あいつら、断りもなく乗ってきたんだぜ。

被害者 イヌ
犯人 ノミ

育児放棄・乗っ取り

子育ては、たいへんな仕事だ。そこで、だれかに世話をまかせてしまうという調子のいい解決策を見つけた種がいる。カッコウなどの鳥や一部の昆虫は、ほかの種の巣に卵を産み、その巣の親に子育てをさせる。コマユバチは、もっとひどくて、イモムシの体内に卵を産みつける。生まれてきた幼虫は、イモムシの脳をコントロールする化学物質を出し、自分たちの世話をさせる。幼虫はイモムシを食べて育ち、最後は食べつくす。

奴隷使い・専制君主

ほかのアリを奴隷にするアリが何種かいる。彼らは、ほかのコロニーを乗っ取って支配したり、もしくは卵を盗み出して、それを育てて奴隷にしたりする。奴隷にされたアリは、女王や卵の世話、食べ物さがし、巣の防衛などをさせられる。なぜなら、奴隷使いは自分でこういう仕事ができないからだ。奴隷は、主人を新しいコロニーに連れて行くことさえする。しかし、奴隷のアリが、君主アリの幼虫を殺して、仕返しをすることもある。

ヒッチハイカー

ほかの動物に乗せてもらえば、食べ物さがしにエネルギーを使わなくてもいい。ダニ、シラミ、ノミは、通りがかりの動物に飛び乗り、その血を吸うか、次の宿主のところまで運んでもらう。コバンザメは、大きな魚にくっつくための吸盤を頭の上に持っていて、いつもただ乗りをしながら、食べ残しをもらっている。クシクラゲの体にはよく、ヨコエビ類（小さな甲殻類）が寄生している。

生き残りへの道

長い長い旅路

動物たちは、さまざまな理由で移動をする。周期的に毎年決まった時期に移動するものもあれば、環境が変わったために移住し、ほとんど戻ってこないものもある。集団の全員が移動をするわけではなく、たいていの場合、繁殖年齢にあるものだけが移動をする。

過密になると

生活空間や食べ物の量に対して個体数が増えすぎると、群れの一部は出ていかなければならない。バッタやレミングは、過密になりすぎると、いくつかのグループを作って群れから出ていく。

> どうしてみんなついてくるの？ わたしだって、どこに行くのかわからないのに。

繁殖のために

単独で生活する動物は、配偶者を見つけ繁殖するために移動することがよくある。インド洋のクリスマス島では、1年に2〜3週間だけ、多数のアカガニが熱帯雨林の巣穴から出て、海岸に大量移動をする。そこで交尾をし、海に産卵して、また巣穴にもどる。

道順を知っている

何千kmも旅をして移動をする動物がいる。しかしその多くは、一度もそのルートを旅したことがないのだ。では彼らはどうして方向がわかるのだろう。単独で旅する動物は、その知識を、両親から受け継いでいる。ガンやツバメなどは、群れで旅をする。彼らは、陸上の目印や、太陽、月、星などの位置を頼りに移動ルートを決める。また体内に、地球の磁場を感知する羅針盤を持っている鳥もいる。

放浪

ある場所から別の場所へと、つねに旅する動物もいる。ビクーニャやグアナコ（写真）、シマウマなどの草を食む動物は、新しい牧草地を探すために、たえず移動している。彼らはいつも同じルートを旅するわけではなく、ただ草のある場所を求めて移動する。

キョクアジサシという渡り鳥は、毎年、北極圏と南極圏のあいだを往復

長い長い旅路

何千という動物が広大な景観のなかを移動していくさまは、大自然の驚異のひとつだ。でもなぜ彼らは移動するのだろうか。それは、単に環境を変えたいからではない。多くは、食べ物や水や繁殖相手を探すといった生物学的な必要に駆りたてられて移動するのだ。このような1年周期の旅を「移動」（鳥の場合は「渡り」、魚は「回遊」）という。

移動をする動物たちの多くは、エサ場や繁殖地を目指して、長い道のりを旅する。ほとんどが同じルートを往復し、途中で一度も休まない動物もいる。

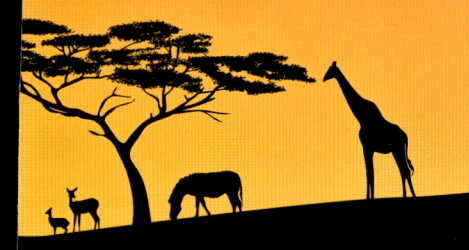

片道切符

オオカバマダラというチョウは、冬を越すためにアメリカからメキシコまで南下する。だが、春になり復路に出発するころには、卵を産み、死んでしまう。旅は次の世代によって続けられるが、最後に故郷にたどりつくのは、3代目、4代目であることが多いという。

サケは海で成長するが、繁殖年齢に達すると、自分が生まれた淡水の川にもどって、川をさかのぼり、産卵をする。サケは、その労苦に疲れ果て、産卵後に死んでしまう。

旅の準備

長い道のりを旅する動物たちは、出発前に体調を万全にしておかなければならない。多くの種は、途中で食べ物や水の補給をせずに旅を続けるので、エネルギー源となる脂肪を十分蓄えておく必要がある。

出発のとき

必要にせまられたときだけ移動する動物がいる一方で、出発すべき時期が本能として体に組みこまれている動物もいる。日照時間や季節的な気候条件の変化は、食べ物の供給に影響を与え、動物にとって過度な暑さ寒さや湿気や乾燥をもたらすことがある。たとえば、厚い毛皮をまとったり、冬眠したりしても、このような変化に適応しきれないときには、移動しなければならない。

出産と子育て

動物は、子どもを守るためにベストをつくす。そこで多くの動物は、安全なすみかや、捕食者の来ない繁殖場所を求めて移動する。コウテイペンギンは、南極大陸の内陸部まで長い距離を歩き、ひなを安全に育てるために厳しい気候条件に耐える。

季節の変化

多くの移動は季節性で、食べ物や水が不足して、一か所にとどまっていられなくなるためにおこなわれる。エサを求めて移動する動物には、ガン、トナカイ、クジラなどがいる。ザトウクジラは、もっとも長い距離を移動する動物のひとつだ。彼らのエサ場である極地は繁殖に適していないため、もっと暖かい海域に移動して子どもを産む。

する。その距離は32,000キロメートルだ。

生き残りへの道

海のなかの世界

海は、地球の表面積のほぼ70%を占めていて、動物や植物の最大の生息地になっている。海のなかには、たくさんの生き物がくらしているが、海中での生活には、陸上とはまったく異なる課題がいくつもある。

海水1キログラムには約35グラムの塩分が入っている

こっちの水はしょっぱいぞ♪

塩分が多い！

海水の塩分濃度は3.5%もあり、陸上の動物が飲んだら体を傷めるだろう。だがクラゲやタコのような海の無脊椎動物は、体液の塩分濃度がまわりの海水と等しいため、バランスが保たれている。魚類の場合は、海水を飲みこんで水分を得ているが、余分の塩分をエラから排出して、体液の塩分濃度を一定に保っている。海洋性哺乳類は、めったに海水を飲まず、必要な水分のほとんどを食べ物から得ている。また余分の塩分は尿として排出する。

アザラシ

体温を保つ

水面近くの海水は太陽に温められるので、特に海岸近くの浅瀬では、かなり暖かい。反対に、深海や極地付近の海水温は非常に低い。海の生物のほとんどは変温性で、体温を周囲の水温に合わせている。だが時には、海水温が低すぎる場合もある。極地の海にすむ魚のなかには、血液が凍結しないように、血液のなかに一種の不凍成分（氷点降下物質）を持つものもある。

ライギョダマシ

海に生きる恒温動物は、もっと厳しい課題に直面している。ほとんどの恒温動物は、体のまわりに断熱効果のある脂肪層を持っていて、それがエネルギー貯蔵庫の役目も果たしている。ラッコは、皮ふのまわりに空気の層をたくわえる厚い毛皮を持つため、決してぬれることがない。さらに海洋性哺乳類は、血流をコントロールすることができる。血管どうしがすぐ近くにあるので、体の末端から中心部に戻ってくる冷たい血液を、四肢へと流れていく暖かい血液で暖めているのだ。

チョウチンアンコウ

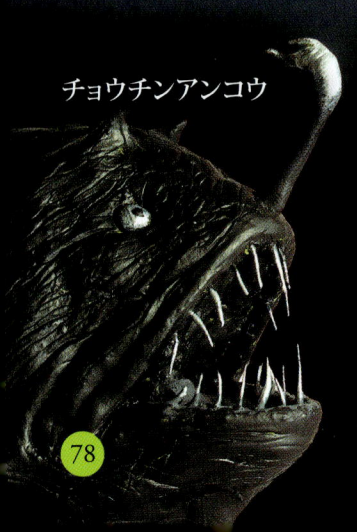

深海の暗やみで

水中では光が吸収されやすいため、深くもぐるにつれて、海はしだいに暗くなり、深海ではほとんど何も見えない。だから深海の生物は、視覚以外の感覚、つまりきゅう覚・反響定位（一種のレーダー装置）・聴覚・水圧の変化などに頼って獲物や敵を感知している。獲物や繁殖相手をひきつけるために自分で光を発する生物もいる。これは「生物発光」と呼ばれる。

クシクラゲ

海のなかの世界

カモメの涙？……海鳥は、鼻腔のなかに塩分を集める塩類腺を持っていて、そこから余分な塩分を排出している。

フジツボ

ぼくを岩からはがしてごらん！

呼吸

海洋生物も、陸上動物と同じように酸素を吸いこむ。哺乳類やハ虫類には肺があるので、ときどき海面に顔を出し、空気を吸わなければならない。彼らは息を止めることが得意であり、ヒレ足など重要でない部分への血流を心臓や脳に回すこともできるので、より多くの酸素を心臓や脳に送れるのだ。しかし、ほとんどの海洋生物は、空気からではなく海水から酸素を得なければならない。つねに水中にいる魚や無脊椎動物は、エラから呼吸するか、もしくは皮ふ呼吸をして、まわりを流れる海水から酸素を取りこんでいる。

エラ
水
口

魚は、頭部の両側にあるエラで海水をろ過し、エラの毛細血管から酸素を取りこんでいる。

磯の生き物

海岸の近くにすむ生物は、水圧や日光不足に悩まされることはないだろう。だが、彼らは別の難題を抱えている。磯にすむ無脊椎動物や植物は、絶えず波に打たれるので、しっかりと岩にくっついていなければならない。潮が引いたときに水の上に露出してしまう生物は、外界から保護してくれる殻で体を密閉し、そのなかに閉じこもって乾燥を防いでいる。

海面から10メートル下がるごとに、水圧は1気圧上がる。100メートルもぐったら、圧力は外の**10倍**だ。

助けて！

深い海にすんでいると、すごい水圧を受けるんだってさ…。

…でも、ぼくたち肺がないから、ぜんぜん気にならないね。

水圧の影響

ふだん感じることはないが、陸上に住むわたしたちは、体のすみずみまで、大気の重さの圧力を受けている。さらに、海に飛びこめば、これに加えて水圧もかかってくる。深くもぐればもぐるほど、水圧は大きくなり、肺を持つ動物の、空気のつまった空間は押しつぶされる。マッコウクジラやゾウアザラシなど、深くもぐる動物は、水圧に抵抗せずに、肺をぺちゃんこにつぶし、心拍数を下げて、筋肉中に酸素を蓄える。これにより、体が沈みやすくなるので、泳ぐのにあまりエネルギーを使わずにすむのだ。人間のダイバーが海面に向かって急上昇すると、水圧の急激な変化によって血液中に気泡を生じ、死んでしまう可能性がある。

79

生き残りへの道

種子をまき散らす

動物とちがい、植物は動きまわって配偶者や新しいすみかを探すことができない。そこで植物は、新たな個体を増やしたり、生育地を広げたりするために、じつにたくみな方法を進化させてきた。自分の分身を作って育てる植物もあれば、種子を作って、それを風や水や動物などに運ばせて、広範囲にばらまく植物もある。

花のなか

花を咲かせる植物（被子植物）のほとんどは、種子を作って子孫を増やす。花のなかには、柱頭、子房、やくなどの生殖器官がある。やくには花粉が入っていて、これがほかの花の柱頭に運ばれると受粉が起きる。柱頭で発芽した花粉の細胞は、子房のなかの胚珠まで移動し、このなかにある卵細胞と受精する。これが成長して種子になる。

ヒマワリの断面

花粉　やく

子房

種子

植物はどうやって受粉するの？

受粉が起きるためには、ひとつの花から別の花へと（または同じ花の雄性生殖器官と雌性生殖器官のあいだで）花粉が運ばれる必要がある。花粉が運ばれる方法はさまざまだ。花粉は非常に軽いので、多くの植物は、花粉を風に乗せてほかの花へ運んでもらっている。また、甘い花蜜で昆虫や動物や鳥をひきつける植物もある。花粉は、昆虫や動物の体にくっついて、彼らがほかの花のところに行ったときに、そこでこすれ落ちて受粉する。

胞子をまき散らす

蘚類、シダ類、苔類など、花を咲かせない植物は、胞子を使って子孫を増やす。種子とちがって胞子のなかには養分が蓄えられていないので、胞子がすぐ発芽できるよう、条件がそろったときに、まき散らされる。少しでも多く生き延びるように、何十万もの胞子が生み出される。

種子をまき散らす

種子の散布

花が受精すると、種子ができはじめる。種子が成熟したら、植物はそれがうまく生長していけるよう、できるだけ遠くへ散布する必要がある。種子は、風や水の流れで運ばれたり、ただ落ちて転がったりする。はじけ飛ぶものや、ロケットのように遠くへ飛ばされる種子もある。動物も、種子を食べたり、埋めたり、毛皮につけて運んだりして、種子の散布にひと役買っている。

自分ではじける

クリ　ジャックマメノキ　オオカニツリ

動物に運ばれる

ゴボウ　ヘーゼルナッツ　ドングリ

水で運ばれる

オオミヤシ　ココヤシ　モダマ

風で運ばれる

タンポポ　ギンセンソウ　シカモアカエデ

うりふたつのコピー

多くの植物は、種子がなくても子孫を増やすことができる。茎や根や葉を使って、自分とまったく同じコピー（クローン）を作ることができるのだ。この方法は、周囲の状況が種子の発芽に適さないときに役立つ。

球根　塊茎　根茎

ぼくも、木の実や種を食べたり埋めたりして、新しい木が育つのを手伝ってるんだよ。

花蜜　柱頭　花びら

新たなスタート

ひとたび種子が地面に落ち、条件が整えば、発芽が始まる。種子のなかには養分が蓄えられていて、子葉が出るまでのエネルギーを提供する。まず種子を包む果皮がふくらんで割れ、水分を吸い上げるための小さな根が出てくる。それから地上に芽を出すが、そのなかには子葉と茎が入っている。

発育中の種子　やく　子葉が開く　芽が出る　根がのびる　種がふくらむ

生命の向こう側

人間は、世界のすみずみまで制覇し、人間にしかできない方法で、地球の資源を最大限に利用してきた。海を探査し、地球のまわりの宇宙への探検にも乗り出した。しかし、地球の生物のなかで一番驚くべき生命力を持っているのは、氷のなかや真っ暗な地底や強酸性の池など、もっとも過酷な条件下にすむ生物たちだ。

「**地球外生命はいるか?**」という問題のカギは、彼らが握っているのかもしれない。

生命の向こう側

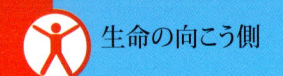

もっとも進化した動物？

人間も、ほかの動物とまったく同じように、呼吸するための酸素と、生きるエネルギーを得るための水と食べ物を必要としている。しかし、生き残りをかけた戦いにおいて、すべての生物が直面する多くの困難を乗り越えるために、人類は何千年もかけて、独自の技術や能力を進化させてきた。

頭脳の力

人間のもっとも強力な武器は、体の割に大きく、高度に発達した脳である。ほかの多くの動物とちがい、わたしたちは自己を認識することができ、問題解決能力や言語を持ち、道具を作ることができる。でも、人間だけでなく、サルやゾウやイルカだって、鏡に映る姿を見て自分を認識し、道具を使い、たがいに意思を通じ合うことができるのだ。彼らもわたしたちと同じように、脳のなかで瞬時に情報を伝達する紡錘ニューロン（とても大きな脳神経細胞）を持っている。紡錘ニューロンは、知的な行動の発達に欠かせない役割を果たしている。

わたしの脳は、目玉より小さいの。頭が悪いってこと？

社会的な動物

人類は、必ずしもほかの生物より賢いとは限らない。でも、わたしたちは創造したり学習したりする能力を持ち、そうして身につけた文化的知識をほかの人間と共有することができる。きみが友だちと遊んでいるときや学校にいるとき、実はそういう知識や文化を学んでいるのだ。ひとりの人間だけがすべての知識を持っていても、人類は種として長続きしなかっただろう。イルカやチンパンジーやゾウもまた、食べ物を得るための道具を作ったり使ったりする方法を、仲間と共有する。つまり、彼らもシンプルな形の文化を持っているといえる。

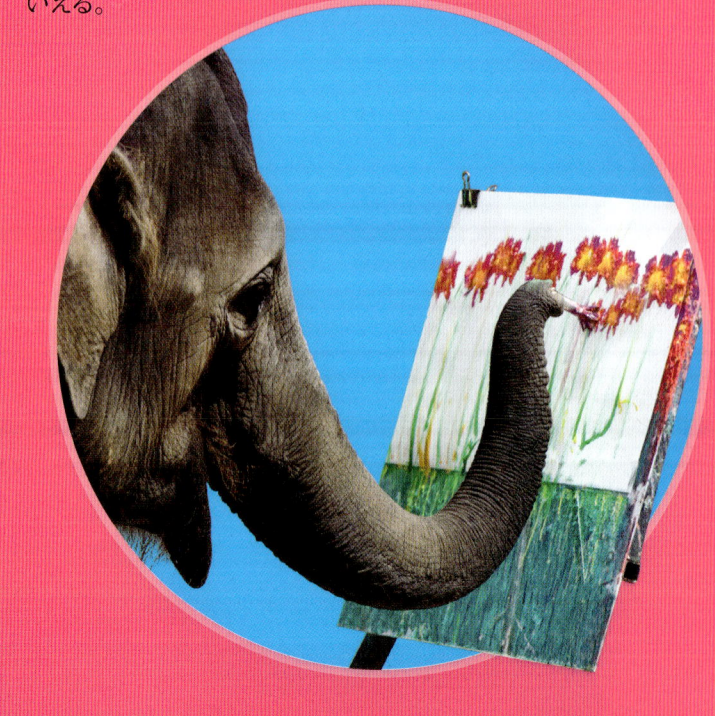

もっとも進化した動物？

地球を支配しているたったひとつの種・・・それが人類だ。北極から赤道を越えて南極まで、人間はどんな環境でも生きるすべを見いだしてきた。ところが、そのせいで、人間はほかのあらゆる生物と、食べ物、空間、そして自然資源を取り合うことになってしまった。

霊長類（サル目）の仲間

人間は霊長類であり、さらにくわしくいうと、ヒト科に属する動物である。霊長類の動物には、チンパンジー、オランウータン、ゴリラなどがいる。人間に一番近いのは、わたしたちのDNAの98.7％を共有するチンパンジーだ。科学者たちによると、人間とチンパンジーの共通の祖先は、今から約700万年前に生きていたという。それから、何種もの人類が登場したが、生き残ったのは、わたしたちホモ・サピエンスだけだ。

より強く、より速く

人間は、肉体をより強く、美しくすることができる。たとえば、オリンピックに出場する選手たちを見てみよう。彼らは、体をきたえて練習を積み重ねることにより、だれよりも速く走ったり、泳いだり、ジャンプしたりすることができる。ほかの動物たちは、突然襲いかかってくる天敵から逃げたり、狩りをしたりするのに忙しく、体をきたえる余裕などない。野生の動物たちは、生き延びる能力さえあれば十分で、不必要にエネルギーを浪費するようなことはしないのだ。

話せるって最高！

ほかの動物は、鳴き声などで、危険を知らせたり、警告したり、自分の場所を伝えたりする。人間も、最初はうなり声やジェスチャーで意思を伝えていた。やがて、単語をつなげて、考えを表現できるようになり、さらに言葉を並べ替えることで、人間はいくらでも新しいメッセージを伝えられるようになった。それが、言語である。科学者たちは、鳥やイルカにも、群れに特有な方言というものがあることを発見した。たとえば、イルカの群れでは、たがいに名前をつけ合い、直接言葉を交わしているという証拠も見つかっている。

> どっから来たがか？見かけん顔やさけえ。

> 何ば言ったと？聞きなれんけん、わからんたい。

生命の向こう側

きみは ひとりじゃない

鏡を見たとき、たぶんそこに見えるのはきみ自身だけだと思うだろう。だけど、実のところ、きみは多くの生態系として、無数の生物と体を共有しているのだ。あるものは役に立ち、あるものは害となる。そして、多くは、きみが想像したくないような姿をしている。このページでは、きみの体という生態系にすむ生物を紹介しよう。

✓ ふつうは悪さをしない
✗ 害をおよぼす

✗ まつ毛

これらの約0.3mmの大きさのダニは、太くて短い足を持ち、きみのまつ毛の毛穴に頭から逆さに入りこむ。皮ふの細胞を食べて繁殖し、夜になるとまつ毛から這い出て、きみの顔の上を動き回ることもある。

✗ 口のなか

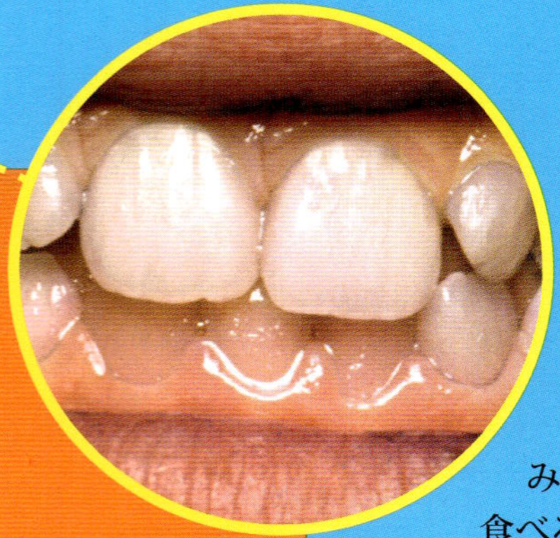

きみの口のなかは、細菌だらけだ。歯や歯茎の表面、そして口の粘膜にすみつき、きみが何かを食べるとき、彼らもそこから養分をもらっている。およそ25,000種もの細菌が口のなかにすんでいるが、そのうち1,000種は歯の表面に常駐し、歯垢とよばれる黄色い膜を作る。放っておくと、歯垢は固い歯石になって、歯周病の原因になる。

✗ 頭髪

アタマジラミはとても小さく、羽のない昆虫で、頭皮から血を吸い、頭髪に卵を産みつける。シラミに刺されると、危険なほどかゆくなるが、皮ふが傷ついてゆくほどではない。髪が不潔かどうかに関わらず、あっという間に、人から人へと伝染する。

✓ 胃腸

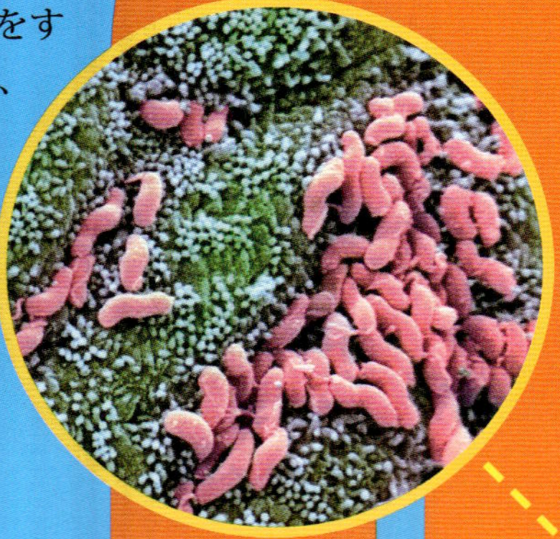

ヒトの成人は、胃腸のなかに、約1.5 kgの細菌（バクテリア）をすまわせている。これらの多くは、食べ物の消化を助け、栄養分を作り出すためには不可欠な善玉菌だ。そんな有益な善玉菌だが、たまに善玉菌に圧倒されることがある。きみのお腹が痛くなるのは、そんなときだ。

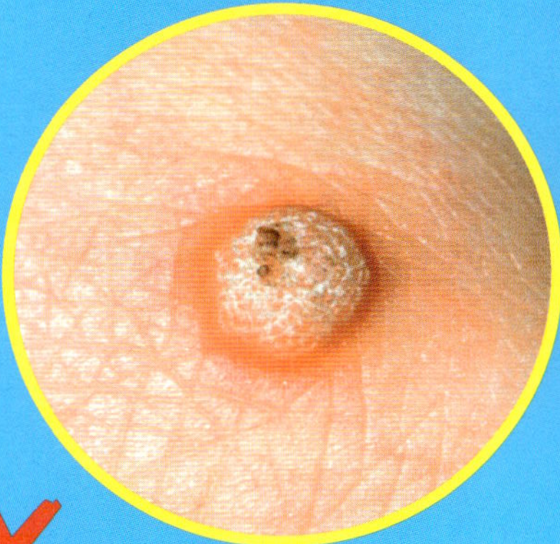

きみはひとりじゃない

へそ

最近、科学者たちは、へそのなかに生息する細菌を、新たに約660種類も発見した。体のほかの部分とちがって、へそは皮ふを保護する油分やロウ状物質を分泌しないため、細菌が繁殖する、絶好の場所だ。

皮ふ

きみの皮ふの上には、何百万もの細菌がすんでいる。これらの細菌は、汗を食物とし、それを分解するときに嫌な匂いを発生させる。小さいのは困るけど、彼らはもっと害になる細菌を寄せつけないことで、きみの皮ふの健康を守っているのだ。

鏡をのぞいて見てごらん。ほら、90兆もの小さい生き物たちが、きみを見つめているよ！

手

いぼの原因はいろいろだが、ヒト・パピローマウイルスというウイルスが原因でできるいぼがある。手や足など、体じゅうのいろいろなところにでき、ガンになることもある。

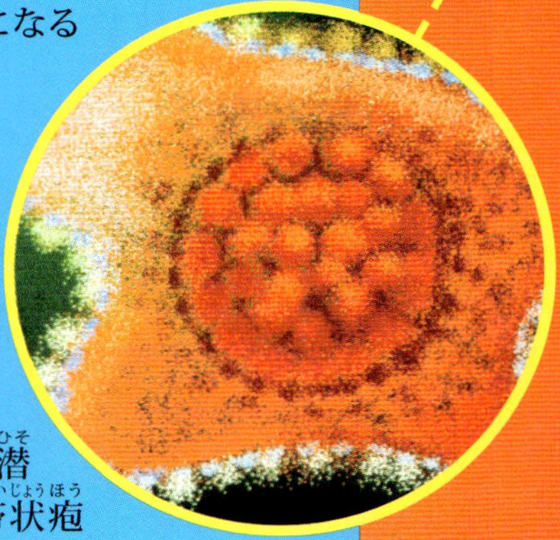

神経

症状が消えたあと、体のなかに潜伏し続けるウイルスもある。水ぼうそうをひき起こすウイルスは、病気が治ったあとも神経のなかに潜み、その後何年もたってから、帯状疱疹という、皮ふが焼けるようにチクチクする症状をともなって現れることがある。

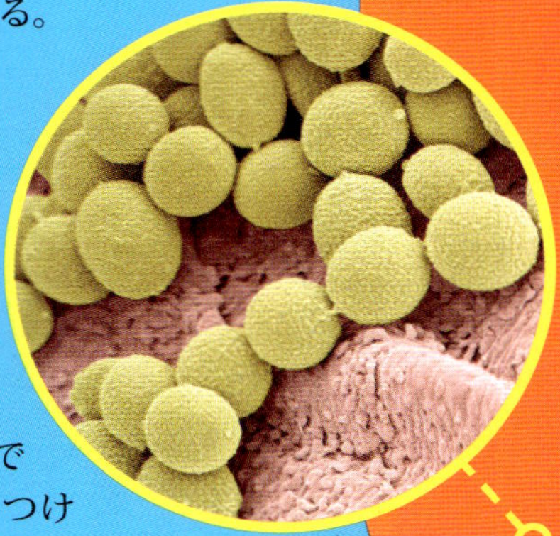

足

裸足でプールサイドをうろついていたら、水虫の原因となるカビの一種（足白癬菌）に感染するかもしれない。このカビは、足の指のあいだなどの湿った環境で繁殖する。足だけではなく、脚のつけ根、頭皮、そして爪のあいだに入りこむこともある。

87

生命の向こう側

極限で生きる生物

地球は、すみ心地の良い場所ばかりではない。なかには、うだるような暑さや、凍（こお）るほどの寒さに見舞（みま）われる地帯や、塩分が高いところや、酸素がない場所もある。でも、そんな極限地帯にも生物が生き延びているのだ。これらの生物は、

熱水環境

温泉

火山地帯では、熱い湯が湧（わ）き出したり、硫化水素（りゅうかすいそ）が発生したりすることが多い。そのような厳しい環境、80℃を超えるような熱水の中でも繁栄（はんえい）している細菌（さいきん）（バクテリア）がいる。アメリカのイエローストーン国立公園の湖、グランド・プリズマティック・スプリングのまわりをふち取る美しい緑色や赤色は、そのような細菌が繁殖（はんしょく）してできたものだ。

高温高圧環境

チューブワーム

深海の海底では、熱水噴出孔（ふんしゅつこう）から、硫黄分（いおう）を大量に含んだ熱水が噴き出している。噴出孔のなかの温度は、150℃を超（こ）え、高圧環境のため酸素もない。科学者たちは、ここに生存する微生物（びせいぶつ）を見つけただけでなく、噴出孔のまわりには、巨大（きょだい）なチューブワーム（ハオリムシ）、ポンペイ虫、カニ・エビ類、魚も生息していることを発見した。これらの生物は、この毒性の強い環境にすむ細菌を食べて生きているのだ。

極低温環境

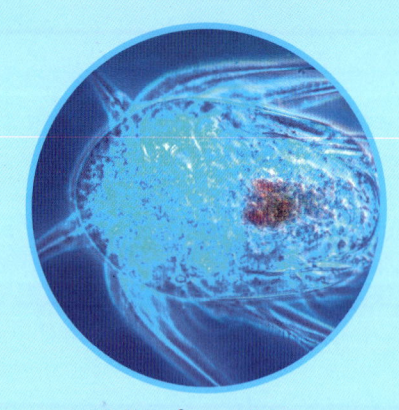

海洋プランクトン

0℃前後の水温、凍（い）てつくような環境にすむ生物がいる。これらの生物は、細胞（さいぼう）内の水分が凍（こお）らないように、不凍液（ふとうえき）の役目をする特別なタンパク質を発達させた。極寒にもかかわらず、寒冷地帯はむしろ、生命に満ちている。北極や南極の海には、オキアミ、動物プランクトン、そして魚類のエサになる細菌がいる。コオリウオのなかには、水温が4℃以上に上がると、ショックで心臓麻痺（しんぞうまひ）を起こして、死んでしまうものもいる。

88

好極限性生物と呼ばれ、そのほとんどが古細菌である。より複雑な構造を持った生物も、短いあいだなら、こうした環境で生きることができる。これらの生物に共通しているのは、特殊な環境に適応する仕組みを発達させたことだ。

高塩環境

ブラインシュリンプ

湖水が海へ流れ出ない内陸の湖では、水中の無機塩（塩分）がしだいに濃縮されていく。この無機塩は、酸性の場合も、アルカリ性の場合もあり、また単にただの塩分、つまり塩化ナトリウムの場合もある。塩は細胞から水分をうばうので、陸生動物の多くは、塩分が強い環境では生きていけない。だが、細菌や藻類の一部や、ブラインシュリンプやミギワバエなら、塩分にも耐えていける。

乾燥環境

地衣類

水なしで生きていける生物は存在しないが、一部の生物はほんの少量の水だけでやっていける。菌糸を根のように広げて、水分と栄養分を分け合うことのできる菌類は、水分の少ない環境で、もっともうまく生き延びている。カビも、穀物や木の実などの、乾いた食べ物の上にあっという間に生える。地衣類の仲間は、砂漠の熱い岩の上でたくましく生きている。雨が降るまで、ほとんど成長を止めてじっと待ち、胞子は乾燥を防ぐため、分厚い殻でおおわれている。

極限環境

フサアンコウ

そのほかの、極限状態にすむ生物には、おもに海底の高圧環境に生息するフサアンコウなどの好圧性生物がいる。放射線耐性菌は、ほかの生物が死んでしまうような、強い放射線環境にも耐えられる。動物の腸内細菌などの、嫌気性好極限性生物は、酸素がなくても生きていける。さらに、一度にいくつもの極限状態を耐えて生きる、好多極限環境生物というつわものもいる。

生命の向こう側

ヘンテコだけどすばらしい！

暗がりで見ると、キレイなのよ！

ホウライエソ

この、おそろしい顔つきの魚は、ガラスの針のように鋭い歯を下あごから突き出している。歯があまりにも長いので、エサを食べるときには、口をパカッと大きく開ける必要がある。さらにホウライエソには、獲物を捕まえるための、巧妙な仕かけもある。長い背びれの先端に発光器を持っていて、これを使って魚をあごの近くまでおびき寄せるのだ。

変形菌

庭先の芝生の上を、ネバネバした物体がのろのろ動くのを見たら、それはおそらく変形菌という原生動物だ。変形菌は、アメーバのようにゆっくり動きながら微生物を食べる動物的な性質を持っているが、繁殖は胞子によっておこなうという菌類に似た性質も持ち合わせている。

クールにいこうぜ。熱いのは耐えられねえ！

ハエトリグサ

沼地に潜んで獲物をねらうハエトリグサは、昆虫を食べる食虫植物だ。ハエトリグサの葉は、2枚の葉をちょうつがいで合わせたような形をしており、その赤い色で昆虫をおびき寄せる。昆虫が葉の内側の毛（感覚毛）に触れると、葉がぱっと閉まって、なかに昆虫を閉じこめる。すると、酵素が分泌され、獲物は生きたまま消化されてしまう。

ヘンテコだけどすばらしい！

地球は、本当にさまざまな姿、さまざまな生き方をしている生物にあふれている。でも、そのなかには、だれが見てもとりわけヘンテコな生物たちがいる。そうした、おかしな生物をいくつか紹介しよう。

アイアイ

マダガスカルにすむサルの仲間のアイアイは、あまりにも不気味なルックスゆえに、現地の人からは魔物だと思われている。この夜行性の霊長類は、反響定位（一種のレーダー）を使って獲物を見つける。まず、細長い中指で木をトントンと叩き、なかにいる昆虫の音を確かめる。昆虫がいるのがわかったら、そのとびきり長い指でほじくり出す。

メキシコサランマンダー

メキシコサラマンダーは、サンショウウオの一種だが、ほかの両生類とは異なり、変態して陸に上がることはない。羽のようなヒレをつけた幼生（子ども）の姿のまま成熟し、一生を水のなかで過ごす。彼らは、失った足や、それからなんと、脳の一部まで再生するユニークな能力を持っている。そのため、医学界の注目を集めている。

アイスワーム

アイスワームは、アメリカとカナダの北西部にある氷河のなかに生息している。夜になると出てきて藻類を食べ、明け方には再び氷の下に戻っていく。5℃以上に暖まると、文字通り溶けてなくなってしまう。アイスワームがどのようにして氷のなかにトンネルを掘るのか、まだ解明できていないが、氷を溶かす化学物質を分泌するのでは、と考える科学者もいる。アイスワームは、凍るように冷たい海底のメタン堆積物のなかにもすんでいる。

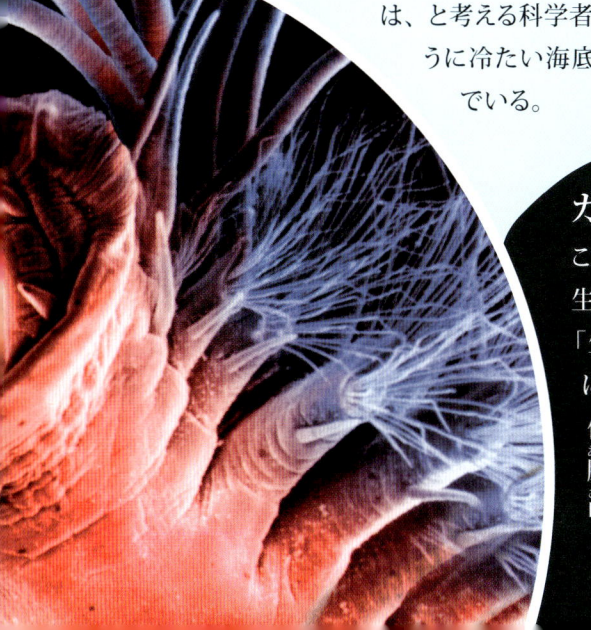

カブトガニ

この奇妙な姿の生き物は、3億年前に生きていた動物の生き残りで、いわゆる「生きた化石」である。カブトガニは海にすんでいるが、じつはクモやサソリの仲間に近い。頭と胸部が融合し、6対の脚を持ち、体全体がヘルメットのような固い甲羅におおわれている。

生命の向こう側

地球外生命体はいるか？

わたしたちが知る限り、地球は生命をはぐくむ唯一の惑星だ。一方、宇宙に散らばる数え切れないほどの星や惑星のことを考えると、地球外生命体が存在する可能性も、否定できない。でも、はたしてそれは、わたしたちにおなじみの植物、動物、菌類、細菌などと同じようなものだろうか？いつの日か、それがわかるときが来るかもしれない。

太陽系に、ほかの生命は存在するのか？

太陽系の、地球以外の惑星や衛星では、まだ生命は発見されていない。地球だけが、生命に適した居住可能ゾーンに位置しているからだ。しかし最近の好極限性生物についての研究により（88-89ページ参照）、科学者たちは、火星と、木星の衛星エウロパとイオ、土星の衛星タイタンとエンケラドゥスには、生命が存在する可能性があると考えている。これらの星と同じような厳しい環境にも、細菌（バクテリア）が存在しているからだ。

宇宙からの訪問者？

宇宙人が地球にたどり着くには、宇宙旅行という大問題を解決しなければならない。地球の生物（ヒト）が月を訪れるまでには、35億年もかかった。それゆえ、宇宙旅行ができる宇宙人のふるさとは、生命が誕生してから、かなり長い時間を経た惑星でなければならないだろう。だが、それほど古い、もしくは安定している惑星は、めったにない。

わが家が一番

太陽系の8つの惑星のうち、生命が存在するのは、居住可能ゾーンにある地球だけだ。地球は、太陽からほどよい距離にあるため、水がすべて蒸発したり凍ったりせず、液体のまま表面をおおっている。金星や火星は、太陽から近すぎたり遠すぎたりするので、生命の誕生に適してない。また、惑星が生命を生むには、熱い内部と、大気をとどめておけるだけの重力が必要だ。

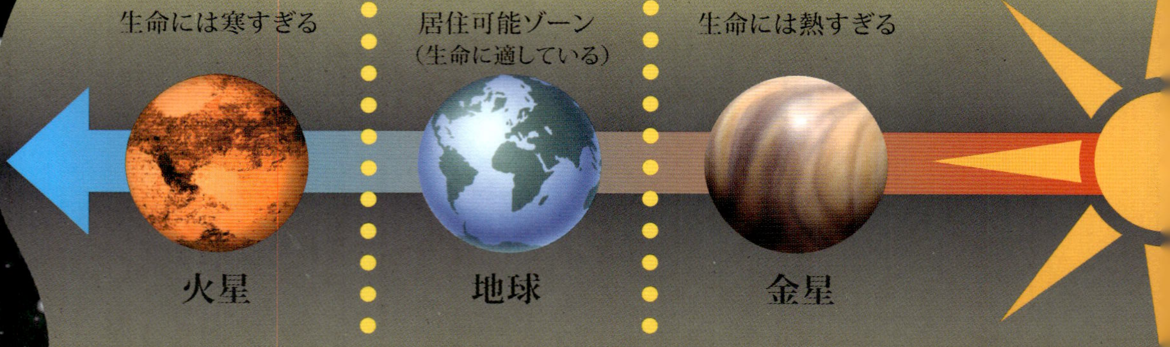

生命には熱すぎる
金星

居住可能ゾーン
（生命に適している）
地球

生命には寒すぎる
火星

地球外生命体はいるか？

小さな緑色の宇宙人

映画に出てくる宇宙人は、髪がなく、大きなアーモンド型の目を持つ人間のような姿か、または奇妙な化け物だったりする。でも、宇宙人がそのようなヘンテコだけどステキな生物に似ているとは限らない。宇宙人は、すでに地球にすむ、ある特定の環境下では、それに適した体の形や構造があるものだからだ。たとえば、水中で泳ぐには流線型、歩くには眼が適している、というように。ほかの惑星での生命の進化も、地球と同じくらい、たくさんの風変わりな生物を生み出している可能性は高いだろう。

これはエイリアンなどではない。5億年前に地球に生きていた、オパビニアという生物だ！

環境に合わせて

もし、ほかの惑星に生命がすんでいるとしたら、それは地球とは異なる条件に適応したものになるだろう。重力や1日の長さ、気温、大気が異なれば、それはおのずと生命体の形、動きかた、エネルギー所要量、ライフサイクルに影響を与える。たとえば、重力が大きい惑星にすむ生物は、気圧に押しつぶされないよう、地面をはい回るような形をしているだろう。ずんぐりとした人びとや植物がすむ世界を想像してみよう。背の低い、重力が小さい惑星では、のっぽの植物が育ち、それに合わせて背高のっぽの動物はかりがすむ世界になるだろう。

重力が小さい惑星の生物

重力が大きい惑星の生物

火星

火星探査機の調査によると、火星の極には水があり、地表の下には液体の水が存在するかもしれない。でも、火星の大気は希薄で、宇宙からの放射線に激しくさらされている。もし生命がいるとしても、地表の下だろう。

エウロパ

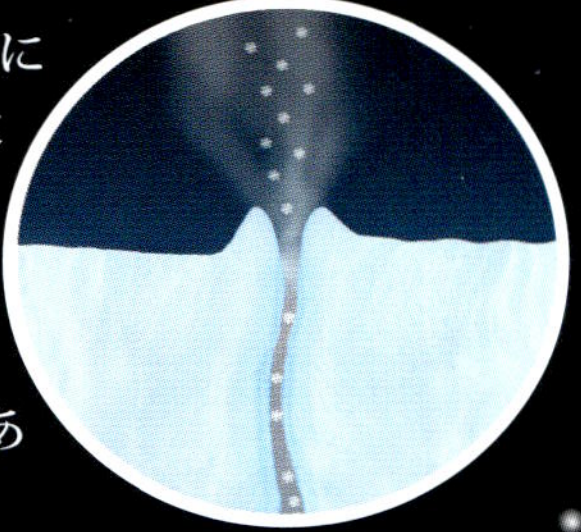

木星の第2衛星エウロパには、水におおわれた地表の下に液体の水があると考えられている。また、内部は熱いので、地球と同じように、海底の熱水噴出孔のまわりに生命体が存在している可能性がある。

イオ

木星の第1衛星イオは、大気を持つ数少ない衛星のひとつだ。熱い内核を持ち、火山活動も活発だ。複雑な構造の化学物質の存在が確認されているが、生命があるとしても、木星からの激しい放射線に耐えるものでなければならない。

タイタン

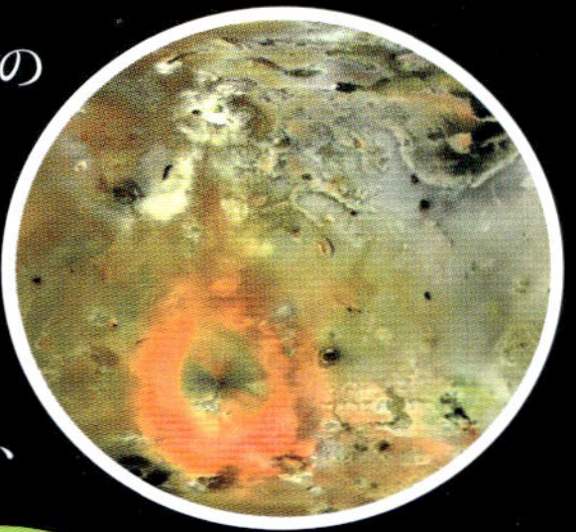

生命がいる可能性がもっとも高いのが、土星の第1衛星タイタンだ。その分厚い大気には、地球の生命の基礎となっているアミノ酸が合まれている。タイタンの環境は、地球誕生時の状況に似ているが、液体の水は存在しない。

用語解説

DNA：デオキシリボ核酸。生物の設計図となる化学の暗号を持つ重要な分子。すべての生物の細胞のなかにある。

アミノ酸：タンパク質の主要構成成分。動物の成長や生命の維持に重要であり、さまざまな役割を果たしている。

維管束：植物の茎を上から下までつらぬく特別の組織で、水や栄養素を植物の上部まで運ぶ。

遺伝子：生物の体の特徴や特性などの遺伝情報を持つ因子で、その本体はDNAである。

移動：動物が、繁殖のためやエサ場を求めて、ひとつの場所からほかの場所へ移ること。毎年周期的に起こることが多い。

栄養分：生物が外界から摂取する、成長や体の維持に欠かせない物質。

獲物：ほかの動物の狩りの対象となり、殺されてエサとなる動物。

外骨格：無脊椎動物の体の外側にあり、内部のやわらかい構造を保護する固い構造。

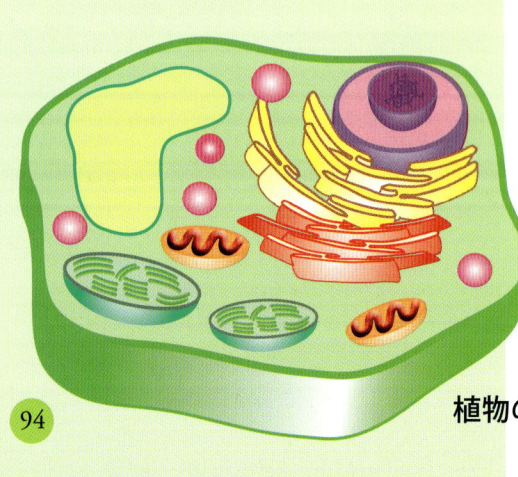

解糖：細胞が糖を分解して、より小さな分子にする過程。

気候：1地域の長期にわたる平均的な気象の状態。

気孔：植物の葉の表皮にある小さな穴で、呼吸や蒸散作用のときに、気体が出入りする通路となる。

寄生生物：自分の生存のために、ほかの生物の体内または体表を生活場所とし、宿主に何らかの被害を与える生物。

菌糸：菌類やカビの体を構成する、糸状の根のような組織。

原生生物：非常に単純な細胞の構造を持つ微生物。

元素：1種類の原子だけからなる、純粋な化学物質。

甲殻類：固い殻を持つ動物で、2対の触角と、体節ごとに1対の脚がある。

好極限性生物：極端に過酷な環境でも生き延びていける生物。

光合成：植物が、水と二酸化炭素と光から、炭水化物と酸素を生み出す過程。

酵素：生物の細胞内で作られるタンパク質の一種で、生体内の化学反応を触媒する。

広葉樹：広く平たい葉を持つ樹木で、冬になると落葉するものが多い。

個体数：ある空間を占める同種個体の数。

コロニー：共同で生活する同種の個体群、または集団で繁殖する場所。

昆虫類：全動物の種類の4分の3を占める最大の生物群。体が頭,胸,腹の3部分に分かれ、6本の脚を持つ節足動物。

細胞：生物の体を構成する基本単位。

雑食動物：動物と植物の両方を食べる動物。

色素：ものに色を与える成分。

刺胞動物：クラゲやイソギンチャクなど、水中にすむ体のやわらかい動物。触手に刺胞というトゲを持つ。

社会性昆虫：高度に組織化されたコロニー（集団）で生活し、個体間に分業が見られる昆虫。ハチやシロアリなど。

種：生物分類の基本単位。自然界で自由に交配し、健全な子孫を残すなら同種とみなされる。

雌雄同体：オスとメス両方の生殖細胞を持つ動物で、配偶者が見つからない場合には、自家受精をすることができる。

受精・授精：オスとメスの細胞が接合し、新しい生命体をつくること。

授粉：被子植物が、生殖し、種子を作るために、雌しべまで花粉を運ぶプロセス。

食物連鎖：自然界の生物間に見られる、食うものと食われるものの連鎖状のつながり。連鎖の始まりは

植物の細胞

必ず植物。

進化：生物が、長い年月をかけて、まわりの環境に適したものに変化すること。

針葉樹：針のように細い葉を持つ樹木で、おもに北半球に分布する。マツ・スギ・ヒノキなど、ほとんどが常緑樹。

スカベンジャー：動物の死がいや、死んだ植物や菌類をエサとする動物。

生息地：生物の個体や個体群がすんでいる場所や環境。

生態系：川や森、草原といった環境と、そこにすむ植物・菌類・動物・細菌など、生物の集まり。

生物多様性：生物の進化により、生態系や地球全体に、たくさんの種類の生物が存在すること。

脊椎動物：背骨を持つ動物。

節足動物：固い外骨格、体節に分かれた体、関節のある足を持つ無脊椎動物。

絶滅：ある「種」の最後の生き残りが、子孫を残さずに死ぬこと。

セルロース：植物の細胞壁に見られる化学物質。

相利共生：2つの生物のあいだの関係で、それによって双方が利益を得るもの。

藻類：花をつけない植物で、水中生活をする。海藻は藻類の仲間。

単為生殖：メスがオスと関係なしに単独でおこなう生殖の方法。母親とまったく同じ遺伝子を持つメスば

DNA分子

かりが生まれる。

適応：生物が、その環境で生き延び、子孫を残していくために、環境に適した機能や形態を持つようになること。

冬眠：動物が活動をほとんど止めた状態で冬を過ごすこと。食物の乏しい冬に、エネルギー需要をまかなえないときにおこなう。

熱水噴出孔：地殻からの熱水や化学物質が噴き出す、海底にある穴。

ハ虫類：ウロコの皮ふを持つ変温動物。卵は固い殻に包まれ、陸上に産卵される。ワニ、トカゲ、ヘビなど。

分解者：生きるエネルギーを得るために、死んだ生物や排出物（有機物）を分解し、無機物にもどす役割を果たしている生物。

分子：少なくとも2つ以上の原子の結合体。

片利共生：2つの生物のあいだで、片方が利益を得て、もう片方は得もしなければ害も受けない関係。

胞子：植物や菌類、藻類、細菌が繁殖の手段として用いる生殖細胞。厳しい環境のなかでも、生き残る力を持つ。

捕食者：ほかの動物を捕って食う動物。

哺乳類：体表が毛でおおわれている動物で、子どもを乳で育てる。

ミトコンドリア：細胞小器官のひとつで、栄養をエネルギーに換える働きをする。

無脊椎動物：背骨を持たない動物。

メッセンジャーRNA：DNAの遺伝暗号が転写された、1本の鎖からなる核酸。タンパク質合成の鋳型となる。

有袋類：未成熟な子どもを産む哺乳類で、母親の腹部にある育児嚢のなかで子どもを育てる。コアラやカンガルーなど。

幼虫：昆虫・クモ類などの幼生（こども）。成虫になる前の中間的な形態で、成虫とはまったく異なる姿をしている。イモムシや毛虫など。

葉緑素：植物の葉緑体に含まれている緑色の色素。光合成に重要な役割を果たす。

葉緑体：植物の組織にある細胞小器官にひとつで、光合成がおこなわれる場所。

両生類：カエルやイモリのように、陸上でも水中でもくらせる変温動物。

スカベンジャー

さくいん

【英数字】
ATP　16, 17, 19
DNA　12-15, 17, 68, 85

【あ行】
アミノ酸　11, 12, 93
アリ　64, 66, 75
アリストテレス　8, 9
移動　49, 76-77
色　18-19, 34, 70-71
ウイルス　87
宇宙　9, 11, 92-93
宇宙人　92-93
海　10, 26, 28-30, 47, 78-79
栄養　18, 20-21, 32-35, 47, 52-53, 55
エネルギー　16, 18-19, 20, 52
エラ　37, 51, 79
塩分　78-79, 89

【か行】
界　24-25
外骨格　38
化学物質　10, 11, 16
カビ　35, 41, 55
殻　30, 37, 38-39, 79
カルビン、メルビン　19
木　30, 32, 46, 48, 49, 61
キーストーン種　56-57
気候　21, 29, 44, 48, 56
寄生　34, 65, 74-75
擬態　70, 71
キノコ　34-35
極地（北極・南極）　21, 44, 49, 77, 78, 88
菌類　25, 29, 34-35, 41, 55, 89
クモ　39, 43, 61, 72-73
クモ形類　39
クローン　68, 81
原核細胞　14-15
減数分裂　15
原生生物　24, 41, 90
原生動物　41
甲殻類　38
好極限性生物　40, 88-89, 92
光合成　18, 19, 21, 35, 47, 51
酵素　16
行動圏　21
酵母　35, 41
呼吸　37, 47, 79
古細菌　24, 40, 89
コロニー　60, 66-67
昆虫　26, 30, 38, 55, 60, 66-67

【さ行】
細菌（バクテリア）　24, 41, 55, 86-89, 92
細胞　10-11, 14-17, 20, 34
魚　30, 37, 50-51, 72-73, 78, 79, 90
砂漠　20-21, 49
酸素　10-12, 19, 21, 25, 28-29, 32, 79, 89
山地　48
自然災害　27, 56-57
自然選択　26
シダ　32, 80
刺胞動物　39
種　24, 26-27, 56, 70
雌雄同体　69
種子　30, 32, 51, 80-81
出芽　68
受粉・授粉　31, 51, 80
循環　47
消費者　52, 53
植物　15, 18-19, 25, 32-33, 52, 54, 75, 80-81
食物連鎖・食物網　52-53
進化　26-31, 36-37, 84, 93
真核細胞　14, 15, 17
真核生物　15, 29
真正細菌　24
針葉樹　32, 49
巣穴　57, 60, 74
スカベンジャー　53, 54
ストロマトライト　11
すみか　20, 50, 59, 61, 77
生産者　52
生殖　68-69
生息地　46, 57
生態系　26, 46-48, 56-57
生物圏　45
生物多様性　45
生物発光　78, 90
生命の誕生　10-11
脊椎動物　30, 36, 37
絶滅　27, 56-57
蘚類　33, 80
草食動物　36, 45, 52-53, 56
藻類　33, 35, 51, 89

【た行】
太陽系　92-93
太陽の光　18-19, 20, 46-47, 78
苔類　33
戦い　62-63, 64, 68
卵　30, 36, 37, 60, 69, 75
単為生殖　68
炭素　10, 12, 47
タンパク質　11, 12-13, 16-17
地衣類　29, 35, 51, 89
地球　7, 10, 11, 28, 44, 92-93
ディスプレー　36, 68
デバネズミ　67
電気　72
動物　25, 29-30, 36-39
冬眠　61, 77
毒　34, 63, 71, 72, 73
毒針　72-73
鳥　26, 31, 36, 46, 60-61, 62, 79
鳥の巣　60

【な行】
縄張り　21, 62, 64
軟体動物　39
肉食動物　20, 52-53, 54
ニッチ　46
人間（ヒト）　36, 56-57, 69, 84-85
人間の体　17, 12-13, 86-87
熱水噴出孔　11, 88, 93
脳　39, 84

【は行】
葉　18-19, 32-33, 60-61, 66
肺　37, 79
バイオーム　46, 48-49
配偶者　68-69, 71, 76
ハゲワシ　54
ハサミ　38, 63, 72-73
ハチ　51, 60, 67
ハ虫類　30-31, 37, 63
花　32, 50, 51, 71, 80-81
反響定位　78, 91
微生物　40-41
病気　21, 24, 40-41, 65, 87
武器　72-73
プランクトン　41, 88
分解者　45, 47, 55
ヘビ　61, 72
ペンギン　21, 36, 74, 77
変態　37-38
胞子　32-33, 80, 89-90
哺乳類　25, 27, 31, 36, 78
ホモ・サピエンス　31, 85

【ま・や・ら行】
水虫　41, 87
無脊椎動物　30, 36, 38-39, 78-79
群れ　64-65
メキシコサラマンダー　37, 91
有糸分裂　15
有性生殖　15, 68-69
有袋類　36
葉緑素　18, 19
両生類　30-31, 37, 91

Acknowledgements

Dorling Kindersley would like to thank the following for their kind permission to reproduce their photographs:
(Key: a-above; b-below/bottom; c-centre; f-far; l-left; r-right; t-top)

5 Dreamstime.com: Irochka (fbl). Getty Images: All Canada Photos / Tim Zurowski (fcla/hummingbird). 7 Science Photo Library: Eye of Science (tl). 10 Science Photo Library: Henning Dalhoff (fbl, bl, fclb); Paul Wootton (l). 11 SuperStock: Robert Harding Picture Library (cr, fcr). 17 Corbis: Photo Quest Ltd / Science Photo Library (br). Science Photo Library: Steve Gschmeissner (crb). 18 Fotolia: Vadim Yerofeyev (cr). Science Photo Library: Eye Of Science (br); Dr. Kari Lounatmaa (fcr). 19 Science Photo Library: National Cancer Institute (cr). 23 Dorling Kindersley: Natural History Museum, London (tl). 24 Dreamstime.com: Dannyphoto80 (cra); Andrey Sukhachev (cla); Irochka (ca). 25 Dreamstime.com: Peter Wollinga (cla). 26 Dorling Kindersley: Barry Hughes (crb); Natural History Museum, London (cl, c); Robert Royse (fcrb). Getty Images: Tim Laman / National Geographic (bl). 26-27 Dorling Kindersley: Jon Hughes. 27 Jonathan Keeling (bl). 33 Dorling Kindersley: Natural History Museum, London (br). Science Photo Library: Steve Gschmeissner (bl). 35 Dreamstime.com: Cosmin – Constantin Sava (clb). 37 Dorling Kindersley: Jeremy Hunt – modelmaker (fbr). 38 Alamy Images: Brand X Pictures (clb/beetle). Dorling Kindersley: Natural History Museum, London (cb/butterfly, crb/moth); Jerry Young (br/woodlouse). 39 Dorling Kindersley: Natural History Museum, London (bl, fbr); Jerry Young (cb). 40 Corbis: Bettmann (br). 41 Alamy Images: Carolina Biological Supply Company / PhotoTake Inc. (bl); Dennis Kunkel Microscopy, Inc. / PhotoTake Inc. (cr); MicroScan / PhotoTake Inc. (br). Corbis: Mediscan (tc). Getty Images: Visuals Unlimited, Inc. / Kenneth Bart (tr); Visuals Unlimited / RMF (cra). Science Photo Library: Eye of Science (cla); Power and Syred (tl); Edward Kinsman (clb). SuperStock: Science Photo Library (crb). 42 Corbis: Visuals Unlimited (clb). Dorling Kindersley: David Peart (cla). Science Photo Library: Dr. Kari Lounatmaa (cl). SuperStock: Robert Harding Picture Library (tr). 43 Corbis: Jonathan Blair (clb). SuperStock: Robert Harding Picture Library (c). 44 Alamy Images: Paul Fleet (bl). Dorling Kindersley: Jamie Marshall (fcrb/parrot). Getty Images: Nick Koudis / Digital Vision (fclb/koala); Photodisc / Gail Shumway (fcrb/frog); David Tipling / Digital Vision (br); Dreamzdesigner (br). 45 Dreamstime.com: Jamie Marshall (bl). 50 Dorling Kindersley: David Peart (cl). Getty Images: Luis Marden / National Geographic (c). SuperStock: Science Faction (cr). 51 Corbis: Lars-Olof Johansson / Naturbild (tr); Visuals Unlimited (cr). 53 Alamy Images: Rick & Nora Bowers (clb/deer mouse). Dreamstime.com: Aspenphoto (cl/deer). 55 Science Photo Library: Dr. Kari Lounatmaa (cb). SuperStock: imagebroker.net (br). 56 Corbis: Philippe Crochet / Photononstop (fcl). Getty Images: Discovery Channel Images / Jeff Foott (bc). NASA: (tl). 58 Dorling Kindersley: Newquay Zoo (tl). 58-59 Corbis: John Lund (c). Getty Images: All Canada Photos / Tim Zurowski (ca). 59 Corbis: DLILLC / Tim Davis (tl). 60 Dorling Kindersley: Peter Minister – modelmaker (cl, bl/termites). 61 Getty Images: Oxford Scientific / Mary Plage (cra); Oxford Scientific / David Fox (crb). SuperStock: Robert Harding Picture Library (cr). 68 Dorling Kindersley: Gary Stabb – modelmaker (cl). 70 Alamy Images: Nigel Pavitt / John Warburton-Lee Photography (cr). Dorling Kindersley: Jerry Young (bc). 71 Alamy Images: Michael Callan / FLPA (clb); Jeremy Pembrey (cr); Nicolas Chan (c). Dorling Kindersley: Natural History Museum, London (cl); Jerry Young (bc); Sean Hunter Photography (fbr). 72 Corbis: Clouds Hill Imaging Ltd. (bl). Getty Images: Photographer's Choice / Kendall McMinimy (tl). SuperStock: Minden Pictures (fcl). 73 Alamy Images: David Fleetham (crb). Corbis: DLILLC / Tim Davis (cr). Dorling Kindersley: Natural History Museum, London (clb). Getty Images: Stone / Bob Elsdale (bl). 74 Dorling Kindersley: Mike Read (cr); Gary Stabb – modelmaker (br); Brian E. Small (c). 75 Dorling Kindersley: Gary Stabb – modelmaker (cr). Science Photo Library: Courtesy of Crown Copyright Fera (cl). 76 Corbis: Winfried Wisniewski (c). Getty Images: Gallo Images / Travel Ink (bl). 77 Corbis: Ocean (bc). Getty Images: The Image Bank / Jeff Hunter (cl); Oxford Scientific / Chris Sharp (cra); Photographer's Choice / Nash Photos (cr). 78 Alamy Images: Poelzer Wolfgang (br). 78-79 Dorling Kindersley: Hunstanton Sea Life Centre, Hunstanton, Norfolk (c). 79 Dreamstime.com: Olga Khoroshunova (crb); Rachwal (tl). 80-81 Corbis: John Lund (bl/sky). Getty Images: All Canada Photos / Tim Zurowski (clb). 84 Dreamstime.com: Kirill Zdorov (br). 85 Getty Images: AFP Photo / Hrvoje Polan (bl). 86 Science Photo Library: Eye of Science (cla); Martin Oeggerli (cb); David McCarthy (crb). 87 Science Photo Library: Thierry Berrod / Mona Lisa Production (cra); Eye of Science (cla); BSIP VEM (bl, cb); Steve Gschmeissner (crb). 88 Alamy Images: Robert Pickett / Papilio (cr); Jeff Rotman (c). Getty Images: Panoramic Images (cl). 89 Alamy Images: blickwinkel / Hartl (clb); Frans Lanting Studio (c). 90 Alamy Images: blickwinkel / Patzner (cl). Corbis: Kevin Schafer (cr). 90-91 NASA: NOAA. 91 Dorling Kindersley: Jamie Marshall (br/sand); Natural History Museum, London (br/horseshoe crab). 92 Dorling Kindersley: London Planetarium (tr). 93 NASA: JPL (clb, crb); JPL-Caltech (fclb); USGS / Tammy Becker and Paul Geissler (fcrb). 94 Dorling Kindersley: Natural History Museum, London (cl).

Jacket images: Front: Alamy Images: Brand X Pictures cra (beetle); Dynamic Graphics Group / IT Stock Free tl (praying mantis). Dorling Kindersley: Peter Minister - modelmaker fcra (mushroom); Natural History Museum, London tl (coral), ca (moth), cr (starfish). Getty Images: The Image Bank / JH Pete Carmichael ftr (frog); Photographer's Choice / Haag + Kropp GbR / artpartner-images.com tr (blood cells). Science Photo Library: Steve Gschmeissner ftl (vascular bundle). SuperStock: Minden Pictures b. Back: Dorling Kindersley: Peter Minister - modelmaker fcra, fcr; Natural History Museum, London tc. Getty Images: Photographer's Choice / Haag + Kropp GbR / artpartner-images.com fbl, br.

All other images © Dorling Kindersley

For further information see:
www.dkimages.com